KB066852

파워풀한 수학자들

파워풀한 수학자들

고대와 현대를
넘나들며 펼쳐지는
발칙한 수학 여행!

김승태 · 김영인 공저

특별한서재

차례

 제1부 고대의 수학자들

 제2부 중세의 수학자들

제3부 근대의 수학자들

부록 동양의 수학자들

입시가 요동치고 있는 현재. 우리 학생들에게 난공불락의 영역이 있었으니, 바로 수학이다. 수학의 진입장벽을 낮춰주기 위해 시중에 이미 많은 수학 관련 책들이 출간되어 있다. 하지만 재미와 정보를 동시에 주기에 약간의 부족함이 있는 것이 사실이다.

　30여 년을 학생들과 동고동락을 해온 나 역시 '어떻게 하면 학생들에게 좀 더 다가갈 수 있는 수학 이야기를 만들까?'가 지상과제였다. 그들이 가장 궁금해하는 수학자들이 누구인지, 가장 어려워하는 수학자는 누구인지 또 수학사에 많은 영향을 끼친 수학자는 누구인지 파악한 것을 토대로 이야기를 만들어보고 싶었다. 알찬 수학 지식을 알려주는 것 역시 빠져서는 안 되었다.

　나는 수학자들을 동원해 수학사를 스토리텔링 해보고자 했다. 그렇게 탄생한 것이 바로 『파워풀한 수학자들』이다. 우리가 교과서를 펼치면 만날 수 있는, 어찌 보면 학생들의 적 아닌 적인 수학자들이 등장해 이야기를 전개해나가며 그들이 만든 수학을 재미있게 소개하면 어떨까?

　이 책에 등장하는 21명의 수학자들은 초·중·고 수학 교과서를 토대로 엄선한 인물들로, 수많은 도전과 시행착오를 거쳐 수학사에 길이 남을 만한 업적을 세운 이들이다. 오늘날 우리가 배우는 수학 교과서를 만든 장본인들이라고 할 수 있다.

　흔히 수학은 주어진 문제만 잘 풀면 된다고 생각하는 사람들이 많다. 하지만 어떠한 학문을 배울 때 학문의 역사와 배경을 이해하는 과정이 수반되지 않고서는 그 학문을 전부 안다고 말하기는 어렵다. 수학도 마찬가지이다. 수학은 어느 한 수학자에 의해 갑자기 생겨난 것이 아니다. 수학이 '왜?' '어떻게?' 그리고 '누구'에 의해 발전해 왔는지를 이해한다면 수학은 더 이상 어려운 과목이 아닌, 즐거운 과목으로 다가올 것이다.

　학생들은 말한다. 수학은 사회에 나가면 아무런 쓸모가 없다고. 하지만 수학은 곧 인간의 역사라고 볼 수 있다. 우리가 미래를 위해 역사를 공부하듯 수학 역시 이러한 자세로 공부해야 할 것이다. 『파워풀한 수학자들』이 독자들의 수학에 대한 흥미와 지적 안목을 넓혀줄 수 있기를 바란다.

2020년 2월
김승태

프롤로그

다음은 아래 그림과 같이 $\overline{AB}=\overline{AC}$인 이등변삼각형 ABC에서 ∠A의 이등분선 위의 한 점 P에 대하여 $\overline{PB}=\overline{PC}$임을 설명하는 과정이다. □ 안에 알맞은 것을 써넣어라.

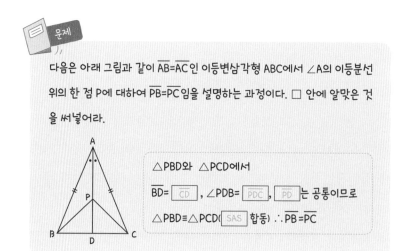

△PBD와 △PCD에서

$\overline{BD}=$ CD , ∠PDB= PDC , PD 는 공통이므로

△PBD≡△PCD(SAS 합동) ∴$\overline{PB}=\overline{PC}$

"으아아, 누구야? 도대체 어떤 놈의 수학자가 이 문제 만든 거야?"

수포자의 길로 접어들고 있는 문섭이가 위 문제를 풀다가 열 받아 고함을 친다.

부모님이 수학시험 20점만 오르면 신형 핸드폰으로 바꿔준다고 한 약속만 아니라면 정말 당장에 때려치웠을 것이다.

흥분을 가라앉힌 문섭이는 자신의 구형 핸드폰으로 도형을 만든 수학자를 검색했다. 누군지 알게 되면 욕이라도 해주고 싶었다.

"핸드폰이 왜 이래. 제기랄, 그냥 좀 바꿔주지."

핸드폰 화면이 까맣게 사라졌다가 다시 밝아진다. 그러더니 핸드폰 속에서 한 소년이 튀어나왔다. 마치 『알라딘과 요술 램프』 속의 지니처럼! 당분간 핸드폰으로는 들어가지 않는다고 한다. 지니는 램프를 들락거렸지만 사물 인터넷시대에 지니처럼 들락거리는 것이 귀찮아서라고 했다.

"안녕하세요."

"누구, 누구세요?"

"나는 앱 수학의 길잡이 고글이에요."

"푸훗, 구글이 아니라 고글이라고?"

"나는 구글과는 상관이 없어요. 나는 '스키장에서 쓰는 고글'이라는 뜻의 앱 수학자예요."

"좋아, 고글. 그런데 왜 나타난 거니?"

"문섭아, 오늘부터 너를 도와서 학생들이 싫어하는 교과서에 등장하는 수학자들을 찾아다닐 거야."

"근데 왜 반말이니!"

"문섭이가 먼저 썼잖아. 난 그렇게 하자는 뜻으로 알아들었지."

"뭐, 기계니까 상관없어. 그래, 우리 함께 그들을 만나서 패주자!"

"오잉, 그런 의미는 아닌데. 하여튼 찾아보자."

이제 문섭이와 고글의 시간을 넘나드는 수학 여행이 시작된다!

01

수학의 기초를 세운

탈레스

콰콰쾅! 하늘이 천둥과 벼락으로 요란하다.

문섭이는 벌벌 떨며 고글의 옷자락을 꼭 잡았다. 그 난리 속에서도 열심히 번개를 관찰하는 아이가 있었다. 사람들은 번개를 신의 노여움이라 여기고 모두 집 안에서 꼼짝하지 않았다. 그런데 한 아이만은 아무런 두려움이 없어 보였다. 벼락이 칠 때마다 집 밖으로 나와 눈을 부릅뜨고는 번개랑 눈싸움을 하며 그 원인이 무엇인지 알아내고 싶어 했다.

"저 아이가 바로 수학의 기초를 세운 탈레스야."

고글이 말했다.

"예에? 저 조그마한 아이가 수학자라고?"

"지금은 아니지만 저 아이가 커서 수학의 기초를 세우지."

"참 당돌한 아이네. 저놈이 나를 괴롭히는 수학을 만든 장본인이 구나. 가서 때려줘야지."

"문섭아, 아이를 때리면 안 돼."

문섭이는 고글의 만류에도 아랑곳하지 않고 탈레스에게 다가갔다.

"야, 수학하는 꼬마야."

탈레스는 문섭이를 바라보며 환하게 웃었다.

"어, 형도 나처럼 저 번개에 관심이 많나 보구나. 여기 앉아서 같이 관찰해보자."

그때 엄청난 벼락 소리와 함께 번개가 번쩍한다.

문섭이는 겁에 질려 꼬마 탈레스 뒤로 얼른 숨었다.

"에이, 형은 겁쟁이구나. 겁쟁이가 무슨 벼락을 관찰한다고 그래. 정말 재미없어. 나 갈래."

탈레스가 살았던 당시 모든 사람은 번개나 일식 같은 자연현상을 다 신의 뜻이라고 여겼다. 수학이나 과학이 정립되지 않은 시기였다. 후에 탈레스는 일식이나 천문학적 현상을 신화적 사고에서가 아니라 과학적 사고로 바라보는 커다란 변화를 일으켜, 사람들이 더 이상 기상현상을 신의 조화로 여기지 않는 계기를 마련한다.

"탈레스! 아니 꼬마야, 어디 가니? 문섭아, 우리도 따라가 보자."

고글과 문섭이는 꼬마 탈레스를 따라 시간의 축을 넘었다.

"앗, 여기는 어디지?"

문섭이는 옆에 고글이 있는지 확인했다. 있다. 다행이다. 이상한 곳에 도착했지만 문섭이는 고글이 옆에 있어 마음이 놓였다.

"고글아, 여기는 어디야?"

"아마도 세월이 좀 흐른 것 같고, 우리가 있는 곳은 이집트 지역 같아."

그제야 문섭이 눈에 우뚝 솟은 피라미드가 보였다.

"우아, 굉장히 웅장하다."

"비켜라. 이놈들아!"

고글과 문섭이는 호통 소리에 뒤를 돌아다보았다. 이집트 왕의 행차였다.

왕이 소리쳤다.

"저런 건방진 놈들, 감히 내가 지나가는데 머리를 빳빳이 쳐들고 있다니. 저놈들을 당장 감옥에 처넣어라!"

왕의 말이 떨어지자마자, 두 명의 병사가 달려들어 고글과 문섭이를 포박했다.

문섭이는 벌벌 떨며 싹싹 빌었다.

"한 번만 살려주세요. 잘못했어요. 우리는 잘 몰랐습니다. 자비를 베풀어주소서."

"자비라, 좋다. 그럼 저 높이를 맞혀 보거라."

그러면서 왕은 피라미드를 가리켰다.

문섭이는 살았다는 표정으로 옆에 있는 고글에게 말했다.

"고글, 어서 저 피라미드 검색해 봐."

고글이 난감한 표정을 지었다.

"여긴 와이파이가 안 떠."

"우아앙, 우린 이제 죽었구나! 지금은 헬리콥터가 있는 시대도 아니고 119 소방차가 있어서 사다리를 높일 수 있는 상황도 아니잖아."

고글과 문섭이는 영락없이 이곳에서 죽게 생겼다.

"잠깐, 그들을 풀어주십시오. 제가 높이를 답하겠습니다."

왕에게 이렇게 말하는 이 사람은 누굴까?

고글이 그자를 자세히 쳐다봤다.

"앗, 저 사람은 청년이 된 탈레스다."

"저분이 아까 그 꼬마 탈레스야?"

문섭이는 어느새 성장한 탈레스를 바라보았다.

탈레스가 말했다.

"제가 저 피라미드의 높이를 맞혀 보겠습니다. 이 막대기 하나와 태양의 위대함으로."

놀란 문섭이가 소리쳤다.

"태양의 위대함은 뭐야? 고작 저 작대기 하나로 저렇게 높은 피라미드의 높이를 재겠다고? 아이고, 우리는 저 거짓말쟁이 수학자 때문에 꽃다운 나이에 꼼짝없이 죽게 되는구나."

고글이 얼른 문섭이의 입을 막았다.

"일단 지켜보자."

탈레스는 피라미드 그림자를 피해 땡볕 아래로 막대기 하나를 들고 이동했다.

그늘을 좋아하는 문섭이는 탈레스가 왜 피라미드의 시원한 그림자를 피해 땡볕으로 나가는 것인지 궁금했다. 아무리 생각해도 탈레스는 바보 같았다. 문섭이는 정말 죽고 싶지 않았다.

탈레스는 이리저리 살펴보더니 자리를 잡고 땅에 막대기를 수직으로 꽂았다.

"뭐하는 거야? 재라는 피라미드 높이는 안 재고 막대기 높이를 재잖아."

"좀 가만히 있어 봐. 우리 그냥 좀 지켜보자."

고글이 말했다.

"뭐야, 이번에는 막대기 그림자를……. 우이씨, 우린 죽었다."

탈레스는 땀을 뻘뻘 흘리며 피라미드 그림자의 길이를 쟀다.

"뭐하는 거야. 피라미드 그림자는 재서 뭐하게. 피라미드의 높이를 말하라니까."

이윽고 탈레스가 말했다.

"왕이시여, 피라미드의 높이는!"

왕이 탈레스의 입을 쳐다보며 물었다.

"높이는?"

"정확히 100미터입니다."

왕은 피라미드를 만든 기술자를 불렀다. 불려 나온 기술자는 피라미드를 제작할 당시의 문서를 뒤졌다.

"왕이시여, 저 피라미드의 높이는 정확히 100미터입니다."

고글도 깜짝 놀랐고 문섭이도 살았다는 안도감에 눈물을 흘렸다.

왕이 탈레스에게 말했다.

"넌 정체가 뭐냐? 점쟁이냐? 아니면 찍기의 달인?"

탈레스가 고개를 숙인 채 왕에게 아뢰었다.

"왕이시여, 저는 수학자입니다."

"그럼, 네가 수학을 이용하여 피라미드에 올라가지도 않고 높이를 맞힌 것이란 말이냐?"

"네, 그렇습니다."

"수학이라는 게 대단한 거로구나. 어디서 살 수 있느냐?"

"수학은 사는 물건이 아니라 배우고 공부하는 학문입니다."

"좋아, 그럼 수학으로 피라미드 높이를 알아낸 방법을 나에게 말해보거라."

고글과 문섭이도 수학으로 알아낸 신기한 방법이 궁금했다.

탈레스가 말했다.

"수학에서 배우는 도형의 닮음을 이용하여 피라미드의 넓이를 구할 수 있습니다. 이것은 요술이 아닙니다. 누구나 배우면 쉽게 피라미드의 높이를 구할 수 있습니다."

모두 탈레스가 하는 말과 행동을 침을 꼴깍거리며 지켜보았다.

탈레스가 바닥에 꽂은 막대의 높이를 재었다.

"이 막대기의 높이는 1미터입니다. 그리고 이 막대의 그림자는 2미터이고요."

왕이 더운 날씨 탓인지 짜증을 냈다.

"피라미드의 높이 구하는 법을 말하라니까. 말라빠진 막대기 이야기는 그만하고."

"왕이시여, 학문에는 왕도가 없습니다. 수학의 과정을 즐기소서. 자, 이제 피라미드의 그림자 길이를 구해봅니다."

탈레스는 천천히 그림자 위를 걸으며 말했다.

"피라미드의 그림자의 길이는 200미터입니다."

탈레스는 자신이 꽂은 막대기를 쑥 뽑더니 그 막대기로 모래 위에 다음과 같은 식을 적었다.

$$1 : 2 = x : 200$$

탈레스가 쓴 수식을 보며 문섭이는 멍하니 있었지만 고글은 아하, 그렇구나 하는 표정이었다.

탈레스가 말했다.

"제가 방금 쓴 식은 수학의 비례식입니다. 막대와 막대의 그림자의 비를 이용하여 피라미드와 피라미드의 그림자의 비에 활용하는 것입니다."

"좀 더 자세히 말해보거라."

왕이 관심을 가지며 물었다.

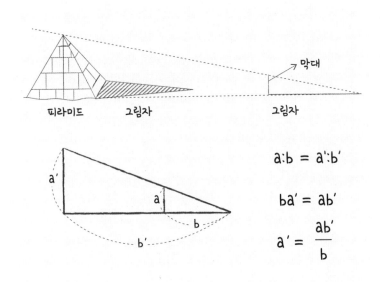

피라미드 그림자 그림자 막대

$$a:b = a':b'$$

$$ba' = ab'$$

$$a' = \frac{ab'}{b}$$

탈레스는 자기 혼자 식을 적고 나서 다시 왕을 위해 글로 식을 써주었다.

막대기의 높이 : 피라미드의 높이

지팡이 그림자의 길이 : 피라미드 그림자의 길이

"위의 비를 이용하면 됩니다. 피라미드의 높이를 직접 잴 수 없으니까, 다음과 같이 식을 세워 알아냅니다."

$$(\text{피라미드의 높이}) : (\text{피라미드의 그림자 길이}) =$$
$$(\text{막대 길이}) : (\text{막대 그림자의 길이})$$

$$(\text{피라미드의 높이}) = \frac{(\text{피라미드의 그림자 길이}) \times (\text{막대 길이})}{(\text{막대 그림자의 길이})}$$

왕은 의심스러운 듯 신하에게 탈레스가 세운 식에 수를 대입해 보라고 명했다.

$$(\text{피라미드의 높이}) = \frac{1\text{m} \times 200\text{m}}{(2\text{m})} = 100\text{m}$$

학자가 계산을 끝내고 말했다.

"네, 피라미드의 높이는 정확히 100미터입니다."

왕은 비로소 흐뭇해했다.

"저들을 풀어주거라."

그렇게 고글과 문섭이는 풀려나고 탈레스는 아무 일 없었다는 듯이 돌아서 갔다.

문섭이가 탈레스를 불러 세웠다.

"잠깐만요."

"고맙다는 인사는 필요 없어. 수학자로서 당연한 일을 한 거니까."

"고맙긴 뭐가 고마워요. 당신은 우리 학생들의 적인걸요."

고글이 문섭이의 팔을 잡으며 말렸다.

"문섭아, 생명의 은인에게 그렇게 말하면 못써……."

문섭이가 히히 웃으며 말했다.

"고맙긴 해요. 근데 이 문제 좀 풀어주세요."

문섭이는 이런 상황에도 자신의 수행평가 문제가 급했던 것이다.

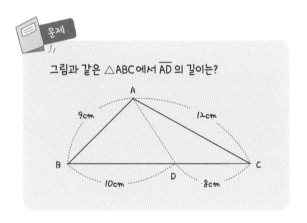

그림과 같은 △ABC에서 $\overline{AD}$의 길이는?

"음, 좋은 문제구나."

"좋기는요. 난 어렵다고요."

"그래, 아마도 너는 왜 △ABC와 △DAC가 닮았는지 이해가 되

지 않았을 거야."

"우아, 마치 우리 수학 샘 같아요. 바로 그거예요. 왜 닮았다고 할 수 있죠?"

"그건 말이야, 일단 각을 기준으로 생각해보자. 해결책은 각이다. △ABC와 △DAC에서 공통각이 보이니?"

"네, 각 C가 공통각이네요."

"그래, 잘했어. 그 각 C를 기준으로 보자. △ABC에서 각 C를 중심으로 볼 때 긴 변인 $\overline{BC}$와 상대적으로 짧은 $\overline{AC}$의 비가 얼마지? 선분의 비 말이야."

"음, 10+8=18과 12로써 선분의 비는 18 : 12네요."

"잘했다. 그다음 △DAC에서 생각해보자. 각 C를 중심으로 긴 변과 짧은 변의 비는?"

"아우, 자꾸 물어보지 말고 그냥 풀어주면 안 돼요?"

"안 돼. 이건 네가 알아야 할 네 숙제야. 변의 비는?"

문섭이의 입이 펠리컨이 되었지만 천성이 착한 문섭이었다.

"12 : 8이요."

"자, 이제 생각해보자. 18 : 12를 약분해보면 3 : 2이고 12 : 8을 약분해보면 3 : 2이다. 바로 이것이 닮음의 증거야. 길이는 각각 달라도 약분한 결과는 같아지지. 이게 바로 닮음비가 같다는 뜻이야."

문섭이는 말로만 하는 설명에 익숙하지 않았다. 하지만 탈레스가 누구인가. 수학의 기초를 만든 대수학자다. 탈레스는 그림으로 이 문제를 깔끔하게 정리해주었다.

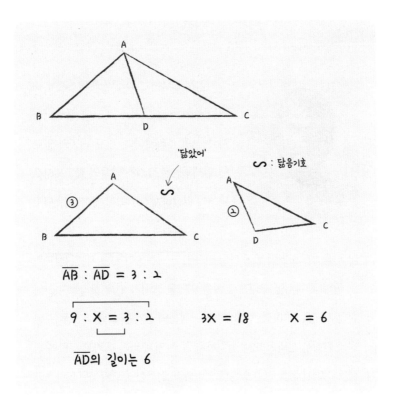

$$\overline{AB} : \overline{AD} = 3 : 2$$

$$9 : X = 3 : 2 \qquad 3X = 18 \qquad X = 6$$

$\overline{AD}$의 길이는 6

문섭이는 탈레스의 자상한 설명에 마음이 녹아 혼내주려던 수학자를 용서해야겠다는 마음이 들었다. 하지만 고글은 아니었다.

"문섭아, 수학자는 탈레스만 있는 게 아니야."

"뭐야, 수학을 만든 자가 한 명이 아니라고? 그럼 탈레스 말고 다른 수학자들을 혼내야지."

그렇게 문섭이와 고글은 어려운 수학으로 그들을 힘들게 한 수학자를 응징하러 다시 길을 떠났다.

기원전 624년 그리스 밀레투스에서 태어난 탈레스는 그리스 최고의 철학자이자 최초의 수학자이다. 현재 터키의 영토인 밀레투스는 그리스 남쪽의 항구도시로 무역이 왕성하게 이루어진 곳이었다. 당시 그리스 사람들은 신들의 뜻에 따라 인간의 삶이 정해진다고 믿었다. 가령 비가 오거나 천둥이 치는 자연현상까지도 말이다. 하지만 무역으로 많은 이익을 남기기 위해 합리적이고 냉철한 사고를 해야 했던 밀레투스 사람들의 생각은 달랐다. 그들은 날씨의 변화를 신의 뜻으로 생각하지 않고, 언제 비가 내리고 바람의 방향은 어떤지 등을 관측을 통해 알아냈다. 이러한 사고방식은 탈레스에게도 영향을 미쳤다. 탈레스는 신화적 사고에 젖어 살아가는 사람들에게 과학이라는 생각을 심어준 최초의 수학자였다. 사람들이 하늘의 별을 보며 신의 별자리라고 생각할 때 탈레스는 자연을 관측하고 분석해 증명해 보이려고 애썼다.

탈레스의 업적 중 가장 중요한 것은 사람들이 직관적으로 알고 있는 사실들을 증명하려고 시도했다는 점이다. 그의 논리적인 증명은 그리스 수학의 기초를 만드는 데 큰 영향을 미쳤다.

현재에는 탈레스가 아래와 같은 사실들을 증명했다고 전해진다.

1. 원의 중심을 지나는 임의의 선은 원을 두 개의 영역으로 나눈다.
   즉 임의의 지름은 원을 이등분한다.

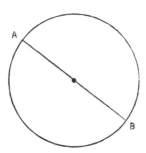

2. 한 삼각형의 두 변의 길이가 같다면, 두 변의 대각의 크기 또한
   같다.

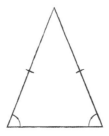

이 밖에도 탈레스가 증명해낸 것들은 많지만 머리가 아픈 학생들을
위해 여기까지만 하도록 하자.

또한 탈레스는 수학과 과학을 활용해 사업을 펼친 최초의 수학자라
고 할 수 있다. 당시 그리스에서는 올리브 농사가 매우 중요한 사업이
었다. 올리브 농사는 날씨가 아주 중요한 변수로 작용한다. 그래서 탈

레스는 과학을 이용하여 지난 몇 년간의 기후 변화를 예측하고 수학을 통해 정확한 시기와 날짜를 추정해냈다. 그리고 작황이 안 좋은 해와 좋아질 해를 예측해 농사에 투자한 후, 엄청난 돈을 벌었다.

한 예를 들면 사람들은 올리브 농사가 잘 안 되는 해에는 올리브 압착기계를 내다 팔았다. 이것을 지켜보던 탈레스는 올리브 농사가 잘 될 해를 예측해 올리브 압착기계를 몽땅 사들였다. 그리고 이렇게 사들인 기계들을 농사가 잘 된 해에 비싼 가격에 되팔아 높은 수익을 챙겼다.

02

피타고라스의 정리를 발견한

피타고라스

제곱근표를 이용해 다음 제곱근의 값을 구하여라.

① $\sqrt{2.85}$ ② $\sqrt{16.4}$ ③ $\sqrt{42.7}$ ④ $\sqrt{78.3}$

"으, 으, 으. $\sqrt{2}$는 1.414213562373095048……. 간단한 2가 $\sqrt{}$ 이 기호만 씌우면 난감한 상황이 되잖아. 내가 수학을 싫어하는 이유를 알겠지?"

"하하하, 문섭아. 네가 싫어하는 저 기호가 바로 무리수를 표현하는 기호잖아."

"무리수?"

"분수로 만들 수 없는 수를 무리수라고 해. 저 기호 이름이 루트야."

"기호 이름 따위는 관심 없고. 누구야? 저거랑 관계된 수학자가?"

시간의 통로를 통해 문섭이와 고글은 그 수학자를 만나러 과거로 날아갔다.

"묶어!"

"대장, 한 놈이 아니라 두 놈인데요."

"두 놈? 둘 다 묶어."

문섭이와 고글은 깜깜한 상태에서 영문도 모른 채 묶였다.

문섭이가 고글에게 억울해하며 말했다.

"이게 웬 날벼락이야. 고글, 우리 지금 어디에 있는 거야?"

"시끄럽다. 히파수스[1]."

문섭이가 깜짝 놀라 물었다.

"히파수스? 그게 누구야?"

온 사방이 깜깜한데 위협적인 말이 날아왔다.

"히파수스, 너는 발설하지 말아야 할 비밀을 발설했다. 너의 죗

---

[1] 히파수스(?~?): 무리수를 처음 발견한 고대 그리스의 수학자. 피타고라스 학파의 한 사람으로 스승의 이름이 붙은 피타고라스의 정리를 두 변의 길이가 1인 직각삼각형에 적용하여 $\sqrt{2}$라는 숫자를 발견했고, 완전한 정수비로 표현할 수 없는 숫자, 즉 무리수라는 것을 증명했다. 이 때문에 억울한 죽음을 맞이했다.

값은 죽음뿐이다!"

문섭이는 답답했다.

"히파수스? 아냐, 나는 문섭이다, 문섭이. 고글아, 너는 히파수스가 누군지 아니?"

"응, 알아. 히파수스."

어둠 속에서 설핏 빛이 비치는 것 같다. 그것은 날카로운 칼날이 내뿜는 빛이었다.

"히파수스를 알고 있다면 확실하다. 이 배신자를 죽이자."

문섭이가 소리쳤다.

"우리는 히파수스가 아니라고요."

"그래도 네놈 옆에 있는 친구가 히파수스를 안다고 했으니 히파수스가 아니라고 해도 너희를 살려둘 수 없어."

"잠깐, 나 미성년자라고요."

옆에 있던 일행이 생각을 좀 하더니 말했다.

"좋아, 그럼 우리가 내는 문제를 풀면 살려주지."

"헉, 못 풀면 우리를 죽인다고?"

고글이 문섭이에게 속삭였다.

"옛날 수학 별거 아니니, 문제부터 한번 보자. 문섭아."

"자, 살고 싶으면 맞혀 봐라. 배신자가 누출한 수니까."

배신자, 배신자. 도대체 히파수스라는 자는 뭘 배신했기에 죽어야 하는지 문섭이는 궁금했다.

"다음 수직선 위에 $\sqrt{2}$의 값을 찍어 봐."

문섭이와 고글이 서로 바라보았다.

"멍청한 걸 보니 히파수스는 아닌 게 확실하구나. 힌트를 좀 주마."

"네, 맞아요! 우린 히파수스가 아니라고요. 힌트 좀 주세요."

"좋아. 힌트를 주마. $\sqrt{2}$의 값은 근사치로 $\sqrt{2} = 1.41421356237309$ 5048……."

고글이 눈치 챘다. 무리수 $\sqrt{2}$의 값은 유리수처럼 딱 나누어떨어지지 않는 수라는 것을.

TIP_ 무리수

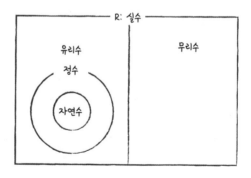

무리수는 실수 가운데 두 정수의 비, 즉 분수로 표현할 수 없는 수를 의미한다.

제1부 고대의 수학자들

유리수, 정수, 자연수는 모두 분수 모양으로 표현이 되지만 무리수는 그럴 수 없다는 것이 피타고라스 학파[2]의 마음을 불편하게 만들었다. 그 이유로 살인까지 하기도 했다.

분수 모양으로 만든다는 뜻을 좀 자세히 설명하자. 예를 들어 자연수인 2는 $\frac{2}{1}$로, 정수인 -3은 $-\frac{3}{1}$으로, 그리고 $\frac{5}{7}$, $\frac{3}{4}$, $\frac{1}{2}$ 등 유리수는 모두 분수로 표현이 가능하다. 하지만 애초에 무리수는 분수로 나타낼 수가 없다.

그때 문섭이가 소리쳤다.

"하지만 $\sqrt{2}$는 1.414213562……으로 소수점 아래가 정해지지 않는데 어떻게 분수로 만들라는 거지?"

고글이 말했다.

"소수점 아래가 정해져야 분자를 만들든가 하지, 참내."

두 명의 일당 중 한 명이 소리쳤다.

"시끄러, 그건 무리수를 발설한 히파수스에게 따져. 어서 답을 내라고. 다섯을 센다. 하나, 둘, 셋……."

"죽기에는 난 꽃다운 나이라고. 수학이 끝까지 날 괴롭히는구나."

"넷, 다섯. 에잇!"

---

2 피타고라스 학파: 고대 그리스 철학의 한 파로 피타고라스 정리의 증명이라는 수학적 업적을 남긴 피타고라스가 자신의 주장을 따르는 사람들을 중심으로 만든 단체다. 기원전 5세기부터 기원전 4세기까지 활동했던 학파로 영혼 불멸과 윤회를 믿었고 수(數)를 만물의 기원으로 보았으며, 기하학과 천문학 발달에 많은 영향을 미쳤다.

챙 하는 소리가 들리며 누군가 칼을 칼로 막았다. 마스크를 쓴 사나이가 일당을 막아선 것이다.

고글은 마스크 쓴 사나이의 눈빛을 보며 말했다.

"저분은……."

"누구냐? 남의 일에 뛰어들어 간섭하는 불청객은."

"그들을 놓아주어라. 이 문제는 내가 대신 풀어주마."

"좋아. 만약 네놈도 풀지 못하면 이들과 같이 이 세상을 떠날 것이다."

마스크맨은 넓이가 2인 정사각형을 품에서 끄집어냈다. 그러자 문섭이 일행을 괴롭히던 일당들이 놀란 표정을 지었다.

"수직선에서 $\sqrt{2}$를 찾는 것은 넓이가 2인 정사각형이 해결해줄 것이다."

제1부 고대의 수학자들

"잠깐, 넓이가 2인 정사각형을 어떻게 만들었느냐?"

"넓이가 2인 정사각형을 찾는 방법은 다음과 같다."

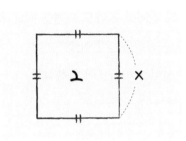

"그렇구나. 똑같은 두 수를 곱해서 2를 만드는 수?"

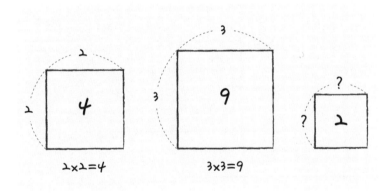

문섭이 머리로는 아무리 생각해봐도 똑같은 두 수를 곱해서 2가
나오는 수가 떠오르지 않았다.

당연한 일이었다. 유리수 상태에서는 그런 수가 존재하지 않으니까. 무리수를 불러와야 곱해서 2가 되는 수를 찾을 수 있다.

마스크맨이 말했다.

"하지만 한 변의 길이를 몰라도 도형을 이용해서 넓이가 2인 정사각형을 알아내는 간단한 방법이 있어."

마스크맨이 문섭이를 바라보며 말했다.

"꼬마야, 나 좀 도와줄래?"

"저 꼬마 아니에요. 문섭이라고요."

"그래, 문섭아. 넓이가 4인 정사각형은 그릴 수 있지?"

"네. 가로 2, 세로 2로 만들어서 그리면 돼요."

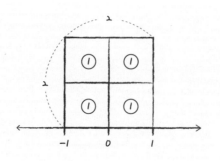

"그렇지. 넓이가 1인 정사각형을 네 개 붙이면 끝이다."

문섭이를 괴롭히던 일행이 되물었다.

"그래서 어떡할 건데?"

"이놈들, 너희 교주는 상당히 좋은 분 같은데. 너희들은 왜 그리 난폭한 거냐?"

고글은 뭔가 알고 있다는 듯이 피식 웃었다.

마스크맨이 그림 하나를 그렸다.

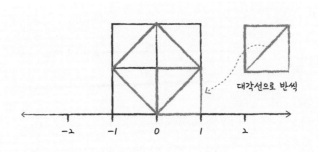

대각선으로 반씩

"넓이가 4이고 네 개의 덩어리로 된 작은 정사각형들을 반씩 대각선으로 잘라서 굵은 선의 그림과 같이 나타내면 그게 바로 넓이가 2인 정사각형이 된다. 어렵지 않지? 넓이가 4인 정사각형의 넓이 반이 넓이가 2인 사각형이니까."

그들 중 한 명이 말했다.

"좋아. 마치 우리 교주님처럼 설명하는군. 하지만 우리가 물어본 것은 수직선에서 $\sqrt{2}$의 위치야."

"그렇지. 히파수스가 발설한 무리수 $\sqrt{2}$의 위치를 찾아야지."

히파수스라는 말에 그들의 눈에서는 또다시 살기가 번뜩였다.

문섭이와 고글은 살 수 있을까?

마스크맨이 다시 수직선의 그림을 그렸다.

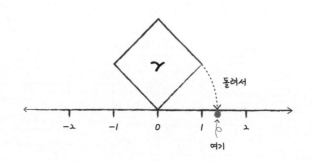

"어떻게 알았지? 넓이가 2인 정사각형의 한 변의 길이가 $\sqrt{2}$라는 것을……."

마스크맨이 말했다.

"이놈들, 내가 답을 맞혔으니 이제 썩 물러가거라."

그들은 잠시 머뭇거리다가 후다닥 달아났다.

"이제 피타고라스 학파 사람들도 히파수스를 용서해야 할 시기가 된 것 같군."

"그래요. 이제 무리수 존재를 인정할 때가 온 것 같아요. 히파수스를 용서해주세요."

고글이 말했다.

"너는 배신자 히파수스를 아느냐?"

"네, 직접적으로 알진 못하지만 히파수스에 대한 이야기는 알아요. 저는 미래에서 왔으니까요."

"뭐, 미래에서?"

"읍, 아니에요. 세상의 모든 것이 정수와 분수에 의해 표현될 수 있다는 피타고라스 학파의 신념에 무리수의 발견은 어느 누구에게도 발설해서는 안 되는 비밀이었죠. 물론 그 비밀이 히파수스에 의해 발설되었고, 당신은 매우 화가 났으니까요."

마스크맨은 고글의 말에 놀랐다. 고글은 마스크맨의 정체를 알고 있었던 것이다.

"그래, 알았다. 내가 지금 돌아가서 히파수스를 용서하라고 모두에게 일러야겠다."

"네, 감사합니다. 좋은 일 하시는 겁니다."

그렇게 마스크맨이 돌아가고 문섭이가 물었다.

"고글아, 너는 마스크맨의 정체를 알고 있는 것 같은데."

"응, 나는 알고 있었어. 그분이 바로 피타고라스 학파의 교주 피타고라스야."

"뭐라고? 아까 그분이 대수학자 피타고라스라고? 야, 고글! 왜 진작 말을 안 한 거야!"

문섭이가 고글에게 버럭 화를 냈다.

"고글 때문에 망했다. 이 문제 풀어달라고 해야 했는데."

문제

아래 그림과 같은 직각삼각형 ABC에서 $\overline{AC}=5$일 때, x의 값을 구하여라.

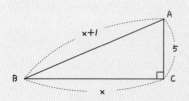

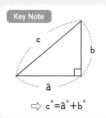

Key Note

$\Rightarrow c^2 = a^2 + b^2$

풀이 TIP. △ABC는 직각삼각형이므로 피타고라스 정리를 이용하여 x에 관한 방정식을 만들어 본다.

••• 피타고라스의 정리

피타고라스의 정리는 직각삼각형에서 그 직각에 대항하는 빗변의 제곱은 직각을 만드는 두 변의 제곱의 합과 같다는 정리.

피타고라스 Pythagoras, BC 580?~BC 500?

 피타고라스는 기원전 580년경 사모스 섬에서 태어났다. 현재 터키에 속해 있는 사모스섬은 번창한 항구도시로 당시 학문과 문화의 중심지였다. 피타고라스는 상인이었던 아버지의 영향으로 일찍이 실용적 학문인 수학에 눈을 떴다.

게다가 그의 스승은 앞서 말한 탈레스였다. 둘 사이에는 재미있는 일화 하나가 전해진다. 피타고라스가 소년 시절 장작을 짊어지고 거리를 거닐고 있었다. 그런데 그 장작을 쌓은 방법이 하도 독특하고 교묘해, 이를 본 탈레스가 피타고라스를 불러 세워 장작을 다시 쌓아볼 수 있겠느냐고 묻는다. 피타고라스는 짊어지고 있던 장작을 땅에 쏟았다가 다시 차곡차곡 쌓아 올렸고, 그 모습을 본 탈레스는 그에게 학문을 해보라고 권유한다. 결국 피타고라스는 탈레스의 조언을 받아들여 학자가 되기 위해 사모스섬을 떠났다고 한다. 이 일은 피타고라스가 뛰어난 수학자로 이름을 알리게 되는 계기가 되었다.

피타고라스는 이탈리아의 도시 크로톤에 학교를 세웠다. 그 학교는 오늘날 '강남 8학군'에 비교할 수 있을 만큼 명문이었다. 하지만 누구나 그의 제자가 될 수 있는 것은 아니었다. 검소한 생활과 인내, 절대적인 순종 등을 맹세해야 했고 피타고라스 학파의 일원으로서 학파의 발전에 온 힘을 다해야 했다. 당시 젊은이들에게 피타고라스 학파의 회원이 되는 것은 명예로운 일이었다.

피타고라스는 기본적으로 모든 것을 '수'라고 생각하거나 만물을 '수'로 설명할 수 있다고 믿었다. 또한 균형 잡힌 완벽한 사람이 되어야 한다고 이야기하며 환생과 신비주의를 가르쳤다. 피타고라스는 엄격하게 통제된 규율 속에서 스스로 교주가 되었지만 결국에는 그것이 파멸을 가져왔다. 기원전 500년경 화가 난 군중들에 의해 피타고라스 학교가 불태워지고 그는 붙잡혀 죽었다고 한다. 그 이유는 아무도 모른다.

피타고라스가 죽은 후 그를 따랐던 회원들은 연구를 계속했다. 그의 제자의 제자는 많은 수학 지식을 발견했다. 이들은 연립방정식의 해법을 개발했고, 소수의 많은 성질도 발견했다. 소수는 금융 생활에 많은 도움을 주었다. 뚫을 수 없는 비밀번호 발명에 소수의 역할은 지대했다. 소수는 현대 인터넷 사회에서 암호 설정에도 지대한 공헌을 했다.

수학적으로 소수가 중요한 이유는 모든 정수는 유일한 소인수분해를 가진다는 점이다. 가령 12를 소인수분해 하면 $12=2^2 \times 3$으로 단 한 가지로 유일하다. 이것으로 암호를 간단히 풀 수 있는 것처럼 보이지만 만약에 12가 아닌 엄청 큰 수를 소인수분해 상태로 암호를 걸어두면 짧은 시간 안에 쉽게 푼다는 것은 불가능하다. 이 또한 수학의 힘이다. 어떤 큰 수를 소인수분해 하는 것은 결코 쉬운 일이 아니다. 또한 숫자가 커지면 이 수가 소수인지 아닌지 판별하는 것조차 두려울 정도

로 어렵다. 암호학에서 소수가 쓰이는 이유도 '큰 정수의 소인수분해가
쉽지 않다'는 사실 때문이다

수를 만물의 근원으로 여기는 피타고라스는 많은 연구를 거듭해 우
리가 익히 알고 있는 '피타고라스 정리'를 발견했다. 이러한 그의 수학
적 업적은 과학적 사고 구축에 큰 역할을 했다.

피타고라스가 죽은 지 24세기가 지난 후 미국의 수학과 대학교수들
이 모여 구성한 미국수학협회는 20면체를 공식 상징으로 삼았다. 피
타고라스의 업적을 기리기 위해.

아, 20면체가 뭐냐고?

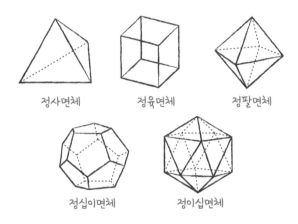

정사면체   정육면체   정팔면체

정십이면체   정이십면체

피타고라스는 정다면체가 5개뿐이라는 것을 증명했다.

피타고라스의 정리, 무리수, 플라톤 입체들은 현대 수학자들과 과학
자들이 그들의 연구에서 계속 사용하고 있는 중요한 도구다.

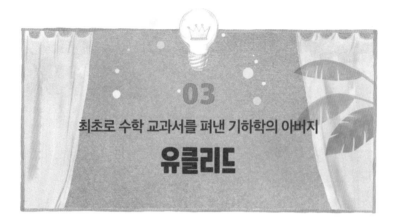

최초로 수학 교과서를 펴낸 기하학의 아버지

03 유클리드

1. 이미 배웠던 공식

(1) $(a+b)^2 = a^2+2ab+b^2$, $(a-b)^2=a^2-2ab+b^2$

(2) $(a+b)(a-b)=a^2-b^2$

(3) $(x+a)(x+b)=x^2+(a+b)x+ab$

(4) $(ax+b)(cx+d)=acx^2+(ad+bc)x+bd$

2. 새로 배우는 공식

(5) $(x+a)(x+b)(x+c)=x^3+(a+b+c)x^2+(ab+bc+ca)x+abc$

$(x-a)(x-b)(x-c)=x^3-(a+b+c)x^2+(ab+bc+ca)x-abc$

(6) $(a+b+c)^2=a^2+b^2+c^2+2ab+2bc+2ca$

(7) $(a+b)^3=a^3+3a^2b+3ab^2+b^3,\ (a-b)^3=a^3-3a^2b+3ab^2-b^3$

(8) $(a+b)(a^2-ab+b^2)=a^3+b^3,\ (a-b)(a^2+ab+b^2)=a^3-b^3$

(9) $(a+b+c)(a^2+b^2+c^2-ab-bc-ca)=a^3+b^3+c^3-3abc$

(10) $(a^2+ab+b^2)(a^2-ab+b^2)=a^4+a^2b^2+b^4$

"내가 구구단을 욀 때 얼마나 고생했는데, 또 이런 것을 외워야 해? 고글, 뭔가 간단한 방법이나 요령이 없을까?"

고글이 잠시 생각하다가 말했다.

"간단한 방법, 왕도를 말하는 거니?"

"그래. 뭔가 쉽게 하는 방법 말이야."

"왕도라? 톨레미 황제의 말이 생각나는군."

"톨레미 황제[1]?"

"가자, 직접 경험해보자."

3차원 세계에서 문섭이와 고글은 시간 축을 넘어갔다.

"고글, 여기가 어디야? 도로밖에 없잖아."

"그러네. 시대는 맞게 온 게 확실하군."

---

1 톨레미 황제(BC 367?~BC 283?): 톨레미 1세는 미술, 문학을 장려해 유클리드 같은 학자들을 후원했고 알렉산드리아를 학술의 중심지로 삼고 상업에 힘써 나라를 부흥시켰다.

"저기 사람들이 도로 공사를 하고 있네."

"가보자, 문섭아."

도로를 깔고 있는 인부들에게 문섭이가 물었다.

"아저씨, 지금 여기가 어디에요?"

인부들은 아무 말도 하지 않았다.

"문섭아, 이 아저씨들은 노예들인가 봐. 우리가 물어도 아마 대답해주지 않을 거야."

"바닥이 깨끗한데. 왜 멀쩡한 도로를 다시 까는 걸까?"

"문섭아, 바닥을 까는 것을 보며 뭐 느끼는 것이 없니?"

"있어. 정말 돈을 낭비하는구나. 분명 현대가 아니라 과거일 텐데 왜 이렇게 세금 낭비를 하는지."

"키키, 그런 이야기가 아니라 수학 이야기를 묻는 거야."

"수학 이야기?"

"바닥에 보도블록을 까는 것은 수학으로 치면 테셀레이션[2]에 해당되지."

---

2 테셀레이션(tessellation): 우리말로는 쪽맞추기이며, 같은 모양의 도형을 이용해 평면 또는 공간을 완전히 메우는 것, 또는 그런 미술 장르를 일컫는다.

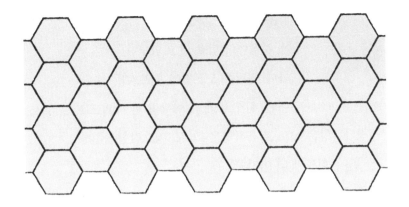

"아, 그러고 보니 보도블록이 바로 테셀레이션이구나."

"문섭아, 테셀레이션에 대한 문제 하나 내줄까?"

"이봐, 고글. 과거까지 와서 꼭 수학을 해야겠어?"

"싫다면 말고."

"하하하, 그래도 내가 아는 문제일 수도 있으니 어디 한번 내 봐."

고글이 아래와 같이 네 개의 정다각형을 보기로 들었다.

"문섭아, 이 중 테셀레이션이 가능하지 않는 도형은?"

"테셀레이션이 불가능한 것은 저 네 개의 도형으로 보도블록을

깔았을 때 틈이 생기는 것을 찾으란 거지?"

"우아, 문섭이 정답을 알고 있구나."

"아니, 정답은 모르겠어. 힌트 줘."

"이런, 힌트 줄게. 정삼각형 한 각의 크기는 60도, 정사각형은 90도, 정육각형은 120도. 정오각형은 108도."

"뭐야, 힌트가 더 어려워."

"테셀레이션이 되려면 도형들을 빈틈없이 붙여야 하거든. 그 말을 수학적으로 말하면 360도를 채워야 한다는 뜻이야. 좀 더 쉽게 말하면 자신의 한 내각으로 나누면 360도는 나누어떨어지게 된다는 것이지."

그제야 문섭이는 깨달았다.

"360을 60으로 나누면 6, 360을 90으로 나누면 4, 360을 120으로 나누면 3, 그렇다면 360을 108로 나누면?"

"그렇지, 정오각형의 한 내각 108도는 360도를 나누어떨어지게 할 수 없지."

"그래서 보도블록으로 사용하기에 적당하지 않은 도형은 정오각형!"

그때, 창칼을 든 병사가 그들 앞에 나타났다.

"뭐야, 고글과 함께 과거로 오기만 하면 왜 늘 무시무시한 병사들을 만나는 거야?"

"네놈들은 누구냐? 어떻게 왕도에 출입한 거냐. 보아하니 행색은 노비 같은데.”

문섭이가 발끈했다.

“뭐요, 노비라고요. 참내, 짜증나네. 나의 패션 감각을 무시하다니.”

문섭이 일행을 잡으러 온 병사들은 치마를 입었지만 문섭이는 바지를 입고 있으니 병사들은 문섭이 일행을 노예로 생각한 것이다. 그 당시 신분이 높은 자들은 치마를 입었다.

“이놈들 아무래도 수상하니 왕에게 끌고 가자.”

문섭이 일행이 끌려간 곳은 왕궁이 아니라 무제이온[3]이라는 연구소였다. 이곳에서 왕과 신하들은 문섭이 일행이 끌려온 줄도 모르고 공부하고 있었다. 왕이 공부할 때는 아무도 방해할 수 없었으므로 문섭이 일행은 왕의 공부가 끝날 때까지 기다려야 했다.

문섭이가 고글에게 물었다.

“무슨 공부를 하기에 왕까지 저렇게 열심인 걸까?”

“수학!”

“에이, 거짓말! 수학, 어른 되면 하나도 쓸데 없는 것을 왕이 왜 공부해?”

“지금은 수학을 학생들만 공부하지만 이때에는 왕까지도

---

3 무제이온(mouseion): 박물관(museum)의 어원이기도 한 무제이온은 기원전 290년경 이집트 알렉산드리아에 설립된 일종의 연구·교육센터였다.

수학을 공부해야 했지."

"왕까지도?"

"쉿, 저기 수학 선생님 오신다."

"수학 선생님? 누구?"

"유클리드!"

왕과 신하들 모두 자리에서 일어섰다.

"유클리드는 도형을 가르치는 수학자잖아. 학생들에게는 적과 같은 존재야. 2학기 때마다 등장하는 도형 파트를 보면 얼마나 기겁했었는데. 언젠가 만나면 꼭 욕해주려고 했어. 여기서 만나다니, 원수는 외나무다리에서 만난다는 말이 딱이네."

"수업하니까 떠들지 마!"

병사 한 명이 문섭이의 머리를 쥐어박았다.

"아야! 민주화 시대에 말로 합시다."

결국 문섭이 입에 재갈을 물리고 수업이 시작되었다.

문섭이가 보기에 유클리드는 약간 무섭게 생겼다.

"자, 오늘 우리가 공부할 단원은 원론 1장입니다."

이 수업에서는 왕만이 이야기를 할 수 있었다.

"피타고라스의 정리 증명."

"네, 그렇습니다. 이 그림은 신부의 의자라는 별칭으로 알려진 그림입니다."

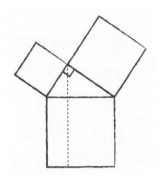

문섭이 눈이 동그래졌다. 그럴 것이다. 모든 중3 수학 교과서에 실려 있는 그림이니까. 교과서에서 증오의 눈초리로 보던 그 그림을 여기, 옛 그리스 시대에서 보게 되니 새로울 수밖에. 교과서로 볼 때는 정말 싫었는데, 다른 시대에서 눈에 익은 것을 대하니 이상하게 반가웠다. 문섭이는 이런 느낌이 신기하기만 했다.

문섭이의 반짝이는 눈이 유클리드 선생님과 마주쳤다.

"저 포박된 자들은 누구인가? 학문하는 자리에서는 자유를 잃어서는 안 된다. 저들이 누군가는 중요하지 않다. 저들을 풀어주거라."

문섭이의 눈에는 유클리드가 왕보다 더 멋있어 보였다.

유클리드가 문섭이를 보며 말했다.

"그대는 $c^2=a^2+b^2$을 가지고 저 신부의 의자를 설명할 수 있겠느냐?"

"우아, 한국 학생은 외국 나가면 수학 우수생이 된다더니 과연 그렇구나. 나도 저것은 알지. 피타고라스 정리의 증명."

아는 내용이 나왔다고 문섭이가 금방 우쭐댔다.

"유클리드 샘, 제게 석필을 좀 빌려주세요."

"하하하, 나는 수학에 자신감을 가진 사람이 좋아. 더군다나 이 아이는 어리지 않은가."

유클리드에게 칭찬받아 기분이 좋아진 문섭이는 석필로 그림과 식을 적어 내려갔다.

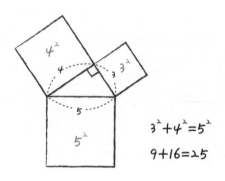

$$3^2 + 4^2 = 5^2$$
$$9 + 16 = 25$$

"그렇지. 중앙의 삼각형은 직각삼각형이지."

"네. 그리고 직각삼각형의 변마다 따개비처럼 붙어 있는 사각형은 모두 정사각형입니다."

"오, 아주 똑똑한 아이구나. 직각삼각형의 가장 긴 변의 제곱은 나머지 두 변의 제곱의 합과 같다는 것을 설명한 그림이지."

이때 톨레미 황제가 당황한 표정으로 말했다.

"너무 어렵구나. 유클리드 선생, 나에게 좀 쉬운 가르침을 주게나."

"왕이시여, 기하학에는 왕도가 없습니다."

고글이 감탄했다.

"우아, 저 말 아주 유명한 말이야. '기하학에는 왕도가 없다.' 이 말은 수학을 공부하는, 특히 기하학을 공부하는 후손들에게 남긴 명언 랭킹 10위 안에 들어."

유클리드의 도움으로 문섭이와 고글 일행은 풀려났다. 그리고 그들의 세계로 돌아왔다.

●●● 유클리드가 증명한 피타고라스의 정리

직각삼각형에서 빗변을 한 변으로 하는 정사각형의 넓이는 나머지 두 변을 각각 한 변으로 하는 두 정사각형의 넓이의 합과 같다.

⇨ $\overline{AB}^2 + \overline{AC}^2 = \overline{BC}^2$

유클리드는 기원전 300년경에 활약한 그리스의 수학자다. 여러분들의 시각에서 가장 싫어해야 할 수학자는 바로 이 유클리드이다. 최초로 수학 교과서를 만든 인물이니 말이다. 그는 그리스 기하학, 즉 '유클리드 기하학'의 대성자이다. 현재 수학 교과서에 나오는 기하학 대부분이 유클리드 기하학에서 비롯된 것을 보았을 때, 이 책이 수학사에 얼마나 큰 영향을 미쳤는지 짐작할 수 있을 것이다.

유클리드는 그리스에서 나고 자랐지만, 그의 명성은 이집트까지 알려져 있었다. 유클리드는 당시 이집트 왕의 초청을 받아 이집트의 알렉산드리아로 가서 큰 업적을 남긴다. 그는 알렉산드리아 대학의 수학과 교수로 일하며 수학사에 길이 빛날 업적을 남긴다. 바로 성경 다음으로 많이 읽혔다는 유명한 수학 교과서 『원론』이라는 대작을 쓴 것이다.

기하학은 수학을 배우는 이들에게는 가장 기본이 되는 원리였지만 당시에는 이를 체계적으로 배울 수 있는 교재가 없었다. 이를 안타깝게 여긴 유클리드는 이전의 유명한 수학자들의 연구를 모아 거기에 자신의 생각을 덧붙여 교재를 집필하는데, 이것이 바로 『원론』이다. 처음

여섯 권은 평면기하에 대한 것이고, 다음 네 권은 수의 성질, 마지막 세 권은 입체도형에 대한 내용으로 총13권으로 이루어진 대작이다.

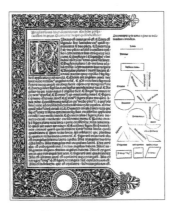

『원론』의 최초 인쇄본

『원론』에 나온 내용 중 살짝만 들여다보기로 하자.

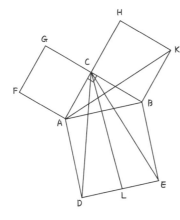

유클리드는 『원론』의 제1권에서 피타고라스의 정리를 증명하기 위하여 '신부의 의자'로 알려져 있는 유명한 그림을 사용하였다.

『원론』은 당시 어떤 책보다도 논리적이며 정확해 많은 수학자들이 감탄을 금치 못했다고 한다. 하지만 유클리드의 이러한 업적에도 불구하고 그의 일생에 대해서는 자세히 알려진 바가 없다.

유클리드 기하학은 2000년에 걸쳐 기하학 연구에 지대한 영향을 미쳤다. 그중 하나는 유클리드 기하학에서 파생되어 나온 비유클리드 기하학이다.

유클리드 기하학에서는 직선 밖의 한 점을 지나 그 직선과 만나지 않는 직선은 하나밖에 없다는 것을 명시하고 있다. 즉, 평행선은 아무리 연장해도 만날 수 없다는 것인데 19세기에 들어와서 이 가정은 경우에 따라 부정될 수도 있다는 주장이 생겨나기 시작했다. 야노스 보여이[4], 니콜라이 로바쳅스키[5]는 직선 밖의 한 점을 지나는 직선은 무한히 있다는 것을 알아냈고, 이와 나머지 공리로부터 하나의 새로운 기하학을 세웠다. 다시 말하면, 평면상의 두 직선은 모두 만난다는 것이다. 즉, 직선 밖의 한 점을 지나고 그 직선과 만나는 직선을 그을 수 있다는 또 다른 기하학을 만들어냈다.

---

4 야노시 보여이(1802~1860): 헝가리 수학자로 비유클리드 기하학의 창시자 가운데 하나다.
5 니콜라이 로바쳅스키(1792~1856): 러시아의 수학자로 유클리드 기하학의 기초공리를 검토해 유클리드 기하학과는 전혀 다른 새로운 기하학의 성립 가능성을 제시하면서 비유클리드 기하학을 창시했다.

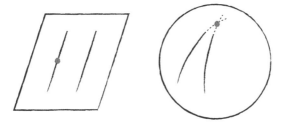

이게 바로 비유클리드 기하학이다. 그 출발은 유클리드 기하학에서였다. 결론은 달라졌지만.

이런 수학은 도대체 어디에 쓰이는지 묻고 싶을 것이다. 아주 좋은 질문이다. 바로 비행기 항로에 쓰인다. 비행기의 항로는 고속도로와 같은 평면을 달리는 자동차와는 완전 다른 세계다. 자동차는 평면이므로 차선을 평행하게 그어 그 길로만 달리면 결코 사고 날 일이 없다.

하지만 둥근 지구를 나는 비행기에 유클리드 기하학을 적용해 항로를 만든다면 엄청난 재앙을 초래할 수 있다.

비행기의 항로는 구면기하학의 성질을 이용하여 구부러지게 날아야 한다. 두 비행기가 평행해야 부딪치는 사고가 나지 않는다. 구면에서 평행하다는 개념은 평면에서 평행한 것과는 차원이 다르다. 지구의 표면이 둥글기 때문이다.

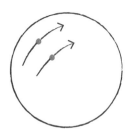

비유클리드 기하학이라는 명칭은 독일의 수학자 카를 프리드리히 가우스[6]가 처음으로 사용했는데, 그 엄밀한 정의는 명확하지 않았다. 비유클리드 기하학의 탄생은 실재하는 면을 추상화해서 응용 확대하게 되는데 이로 말미암아 기하학 연구에 큰 발전이 이루어졌다. 그때까지의 수학에 대한 견해가 근본적으로 바뀌는 변화를 가져왔다. 이런 뜻에서 19세기 수학사상 가장 중요한 사건의 하나가 되었다. 비유클리드 기하학의 발견은 공리를 자명한 명제로만 여겨왔던 재래식 사고방식에 혁명적인 변혁을 가져왔고, 또 모델(이론을 말하는데 때로는 그 이론의 전제가 되는 가설)에 의하여 추상적 사상을 구체화시킨다는 사고방식은 데이비드 힐베르트[7]를 거쳐 쿠르트 괴델[8] 이후의 수학기초론

---

6 카를 프리드리히 가우스(1777~1855): 수학의 왕자로 불릴 정도로 뛰어난 독일의 수학자로, 정수론·통계학·해석학·미분기하학 등 많은 분야에 크게 기여하였다.
7 데이비드 힐베르트(1862~1943): 19세기에 독일이 낳은 가장 위대한 수학자 중 한 명으로 꼽힌다. 특히 대수적 정수론의 연구, 적분방정식론의 연구와 힐베르트 공간론의 창설, 공리주의 수학기초론을 전개했다.
8 쿠르트 괴델(1906~1978): 미국의 수학자이자 논리학자다. 불완전성의 원리를 만들어냈다.

등에도 커다란 영향을 끼쳤다. 사상사에서도 진화론이나 상대성이론과도 비견될 만큼 인간의 생각을 급변시켰다.

이게 다 출발점이 돼준 유클리드 수학의 업적이다.

04

도형의 넓이와 부피를 잰

아르키메데스

문섭이와 고글이 한창 온천을 즐기고 있다.

"어, 시원하다."

"문섭아, 너 어디 아프니? 이 물은 많이 뜨거운데?"

"고글은 인간이 아니라서 모르나 보네. 인간은 특히 노인들은 뜨거운 물에 들어가면 어, 시원하다고 해. 그냥 시원한 것도 아니고 어, 시원하다라고. 낄낄."

"거참, 고글스럽네."

"이런 세상에 있으면 수학에 대한 근심걱정이 싹 사라져. 그러니 온천과 수학은 아무 상관이 없지. 수학이 이런 세상을 알까?"

"뭔 소리야? 수학과 온천 목욕은 떼려야 뗄 수 없는 관계라고."

"이 무슨 황당한 소리. 고글, 비둘기가 참외 씨 올챙이랑 나눠 먹

　　　　　　　　　　　　　　　제1부 고대의 수학자들

는 소리 하지 마."

"좋아, 확인해보자!"

고글과 문섭이는 시간의 도움으로 과거로 점핑한다~!

헉, 이런. 문섭이와 고글이 시라쿠스 시대의 병사 복장을 하고
있다. 문섭이와 고글은 어리둥절했지만 이런 일을 여러 번 겪다 보
니 이제는 그러려니 하며 시대에 빨리 적응하려고 한다.

시라쿠스의 장군이 문섭이에게 말했다.

"로마군의 배들이 우리 해안에 몰려왔다!"

문섭이가 말했다.

"장군, 그렇습니다. 무시무시한 로마군의 배입니다."

"이 일을 어떡하면 좋으냐? 그분은 오고 계신 거냐?"

이번에는 고글이 대답했다.

"네, 그분이 당도하셨습니다."

도착한 그분이 바로 시라쿠스의 최고 수학자, 아르키메데스다.

시라쿠스의 장군이 아르키메데스에게 말했다.

"로마군의 배들이 우리 해안선을 점령했다는데 이 일을 어떡하
면 좋겠는가? 아르키메데스, 조언을 좀 해주시오."

"해결할 수 있습니다. 장군님, 너무 걱정하지 마십시오."

고글, 문섭, 장군 모두 아르키메데스를 따라 로마군이 출몰한 해
안선으로 갔다.

아르키메데스가 말했다.

"모두, 포물선의 방정식을 알고 있죠?"

문섭이 표정이 밝지 않다. 문섭이는 포물선의 방정식을 모른다.
당연한 일이다. 고3이 되어야 배우는 포물선의 방정식을 알 리가
없지 않은가. 모르기는 시라쿠스 장군도 마찬가지다.

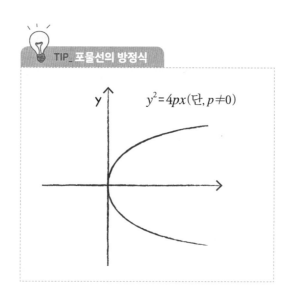

TIP_ 포물선의 방정식

$$y^2 = 4px \, (단, \, p \neq 0)$$

문섭이 입이 쩍 벌어졌다.

"그래프와 식이라~. 우아, 어렵다."

아르키메데스가 껄껄 웃으며 말했다.

"너는 이 접시처럼 생긴 게 뭔지 알고 있느냐?"

"그거야, 전파를 모으기 위해 쓰이는 위성안테나 같은 거지요."

"안테나? 생소한 말이구나."

아르키메데스는 머리를 갸우뚱했다.

"그래. 하지만 지금은 시대 상황을 고려하여 안테나라는 말보다는 빛을 모으기 위한 접시라고 표현하는 것이 적당할 것 같구나. 그 당시에는 전파니, 전기니 하는 용어는 아직 생겨나지 않았으니까."

용어는 없었지만 역사적 사실로는 분명 아르키메데스에 의해 빛을 모으는 접시 모양의 도구가 발명되었다.

오늘 시라쿠스 날씨는 태양이 매우 강렬했다. 하늘도 아르키메데스를 돕고 있었다. 아르키메데스가 손으로 가리키자 포물선 모양의 큰 접시들이 여러 대 등장하여 배를 향해 배치되었다.

아르키메데스는 병사들에게 외쳤다.

"빛을 모아 적의 배들을 향해 쏘아라!"

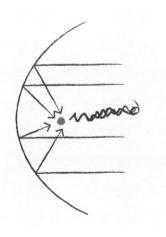

포물선 도구에서 광선이 뿌지직~ 뿌지직~ 소리를 내며 배를 향해 쏘아졌다. 광선에 맞은 적의 배가 곧바로 불꽃을 일으키면서 타들어갔다.

포물선 면에 반사된 빛은 반드시 초점에 모이게 된다. 이렇게 모인 빛은 강력한 에너지를 만든다. 그 힘으로 아르키메데스는 배를 하나하나 태워버렸다.

"고글, 적들의 배가 활활 타고 있어. 아마 적들은 119를 부를 수 없기 때문에 난파될 수밖에 없겠지."

"그렇지. 119 소방차를 타고 바다로 갈 수 없잖아."

고글과 문섭이의 시대적 상황에 맞지 않는 대화에 모두 힐끔 쳐다보긴 했지만 별 신경을 쓰지 않았다.

전투에서 돌아온 고글과 문섭이는 이번에는 아르키메데스의 연구소로 향했다. 그런데 헤론 왕에게서 특별한 의뢰가 들어왔다. 왕관이 순금인지 아닌지 확인해달라는 것이었다.

고글은 무언가를 짐작했는지 희미하게 웃었다. 고글이 왕관을 들고 아르키메데스에게 갔다. 물론 문섭이도 뒤따랐다.

"선생님, 왕의 의뢰입니다."

아르키메데스가 말했다.

"왕명이라고? 무슨 의뢰이던가."

고글이 왕관을 보여주며 말했다.

"이 왕관이 진짜 순금인지 알아봐달라는데요."

"뭐, 이 왕관이 진짜 순금인지, 잡철이 섞여 있는지 알아봐달라고?"

아르키메데스가 난감해했다.

이런 경우를 처음 겪는 이는 난감하기 그지없을 것이다. 이 이야기의 결말을 아는 친구도 있을 것이고 모르는 친구들도 있을 것이다. 문섭이는 모르고 고글은 아는 것처럼 말이다. 현재로서는 아르키메데스도 모르는 상태다.

아르키메데스는 3일 밤낮으로 생각했지만 방법을 알 수 없었다. 고글은 알고 있지만 역사를 거슬러서는 안 되는 원칙을 지켜야 하기 때문에 가르쳐줄 수 없어 그냥 기다릴 수밖에 없었다. 문섭이가 자꾸 가르쳐달라고 했지만 입이 가벼운 문섭이를 어떻게 믿고 말해주겠는가.

4일째 되던 날, 초췌한 얼굴을 한 아르키메데스가 고글에게 말했다.

"나에게 오는 어떤 연락도 받지 말거라. 나, 목욕탕에 잠시 있어야겠다."

"목욕탕? 드디어 때가 왔구나."

"뭐라고?"

"하하하, 아닙니다. 아르키메데스 선생님, 탕에서 피로를 풀어보세요."

그렇게 아르키메데스가 탕에 들어가고 5분쯤 지났을 때였다.

"유레카!"

아르키메데스가 목욕탕을 뛰쳐나오며 외쳤다.

고글도 기쁨에 소리쳤다.

"유레카, 저 역사적인 한 마디!"

문섭이가 물었다.

"유레카가 뭔 소리야?"

"알았다는 뜻이야."

고글이 설명해주었다.

문섭이가 자신의 눈을 가리며 고글에게 속삭였다.

"그런데 아르키메데스 선생님이 발가벗고 목욕탕을 나오셨어."

"알아냈다! 알아냈어! 왕관은 백 프로 순금이 아니다!"

아르키메데스가 흥분된 어조로 말했다.

"어떻게 알아내셨나요?"

문섭이가 물었다.

"내가 목욕탕에 들어갔는데 물이 넘쳤어. 그 순간 알았지."

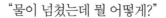

"물이 넘쳤는데 뭘 어떻게?"

"물이 넘치면 알 수 있지. 잘 들어봐. 왕관의 무게와 순금의 무게를 비교해보면 되지."

"자세히 좀 얘기해주세요."

"순금을 가득 찬 물에 넣어서 물이 넘치는 양을 재고 그다음 똑같은 조건으로 왕관

을 넣어 넘치는 물의 양을 확인하면 돼."

그것은 부력 때문이다! 순금과 잡금속은 물에 담갔을 때 분명 부력 차이가 난다. 이 유명한 아르키메데스의 이야기를 이미 알고 있는 고글이 나섰다.

"우아, 대단해요! 그래서 왕관에서 넘치는 물의 양이 적었죠. 어떻게 아셨어요? 대단해요!"

그렇지만 고글은 몰랐던 것처럼 연기를 했다. 컴퓨터 앱인 고글이 이렇게 능청스럽게 연기도 잘할 줄이야. 이제 완벽한 인공지능 시대가 온 것 같았다.

이 사실을 왕에게 전한 아르키메데스는 많은 칭찬과 상금을 받았다.

그런데 고글의 표정이 밝지 않은 걸 보고 문섭이가 물었다.

"고글, 무슨 일 있어? 오늘 표정이 영 좋지 않아."

"후유~."

"한숨만 쉬지 말고 말을 해."

"이제 우리는 곧 우리 세계로 가게 될 거야."

"하하하, 그게 무슨 대수야. 원래 우리는 일을 마치면 우리 시대로 가는 거잖아."

"그래서 그런 게 아니라 아르키메데스 할아버지, 너무 불쌍하다."

"뭐가 불쌍해. 아르키메데스 선생님은 이 시대에 남게 될 건데."

"그렇지 않으니 문제지."

"뭔 소리야?"

그때 쿵 하며 로마의 병사들이 문을 발로 차고 들어왔다. 문섭이와 고글은 깜짝 놀랐다.

고글이 병사들을 보며 중얼거렸다.

"드디어 올 것이 왔구나."

아르키메데스는 병사가 들어오거나 말거나 연구실 바닥에 다음과 같은 수학 문제를 그려놓고 연구에 몰두하고 있었다.

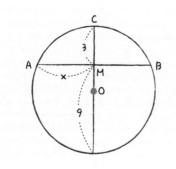

아르키메데스가 중얼거렸다.

"이거 피타고라스 정리를 쓸까, 아니면 원과 비례를 쓸까?"

병사 하나가 아르키메데스가 그린 원을 밟자, 그제야 아르키메데스는 병사들이 자기 연구실에 쳐들어왔다는 것을 알았다.

"내 원을 밟지 마라!"

"뭐야, 이 시라쿠스 영감탱이가 감히 대로마 병사에게 대들어!"

로마 병사가 아르키메데스를 칼로 내리치는 것을 보고 문섭이가 소리쳤다.

"안 돼!"

그 순간, 고글과 문섭이는 현실로 돌아왔다.

고글이 울고 있는 문섭이를 달랬다.

"문섭아, 울지 마. 이미 지나간 변할 수 없는 역사야."

문섭이가 아르키메데스가 연구하던 마지막 문제를 고개 숙여 유심히 보았다. 원의 중심에 하얀 눈물이 뚝 떨어진다.

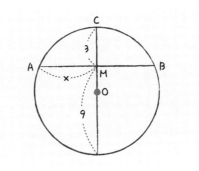

$$x \times x = 3 \times 9, \ x^2 = 27, \ x = \sqrt{27}, \ x = 3\sqrt{3}$$

"고글아, 직각삼각형을 이용해서 푸는 방법은 여태껏 아르키메데스 수학자를 미워했던 학생들을 위해 남겨두자."

고글이 슬픈 표정으로 고개를 끄덕였다.

아르키메데스 Archimedes, BC 287~BC 212

아르키메데스는 훌륭한 수학자인 동시에 실용기계 발명가이기도 하다. 아르키메데스는 기원전 287년 이탈리아 남서부에 있는 시칠리아섬의 시라쿠스에서 태어났다. 어릴 적 아르키메데스는 수학자보다도 창의적인 발명가로 이름을 날렸다. 특히 그는 생활에 필요한 다양한 물건들을 만드는 데 재능이 있었다. 대표적으로 나선을 응용해 만든 펌프가 있는데 현재도 이집트 농촌에서 관개에 널리 쓰일 만큼 뛰어난 기계다. '아르키메데스의 나선식 펌프'로 불리는 이 기구는 나선을 응용해 만든 일종의 양수기로, 배에 고인 물을 퍼오르거나 밭에 물을 댈 때 널리 사용됐다.

다음은 아르키메데스가 이집트 농부를 위해 만든 아르키메데스 펌프다.

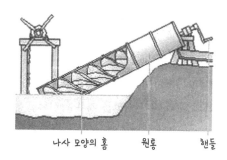

나사 모양의 홈   원통   핸들

그의 발명은 다 수학적 원리에 기초를 두고 있다. 과연 실용수학의 아버지라고 불릴 만하다.

아르키메데스가 만든 발명품 중 가장 유명한 두 가지는 지레와 도르래다. 지금은 전혀 놀랄 만한 것이 아니지만 그 당시로서는 스마트폰이나 다름없는 혁신적인 발명품이었다.

지레는 헤라클레스처럼 힘이 장사다. 지레를 이용하면 보통이라면 들 수 없는 물건도 척척 들어 올릴 수 있다. 도르래 역시 무거운 물건을 위로 드르륵드르륵 들어 올리니 당시 사람들의 입이 쩍 벌어질 수밖에.

무엇보다 아르키메데스를 말할 때 빼놓을 수 없는 것은, 파이(π)의 값이 끝없이 나아가는 무리수라는 사실을 발견했다는 것이다. 아르키메데스는 파이의 근삿값을 계산한 첫 번째 수학자이다.

그 방법으로 아르키메데스는 파이의 어림값을 구하기 위해 실진법을 사용했다. 실진법이란 원 안에서 각을 무수히 많이 만들어가며 원에 가깝게 계산해나가는 방법이다.

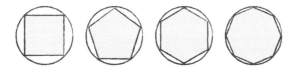

그런데 아르키메데스가 사용한 실진법은 약간 독특했다. 아래 그림처럼 원의 둘레는 그 원의 안쪽에 접해 있는 다각형보다는 길고, 원의 바깥쪽에 접해 있는 다각형보다는 짧다는 사실을 이용하여 정6각형,

정12각형, 정24각형……, 정96각형까지 변의 수를 늘려가며 둘레의 근삿값을 계산해냈다. 이 방법을 무수히 반복하여 파이의 근삿값을 찾아갔다.

아르키메데스는 내접 다각형과 외접 다각형의 둘레의 길이를 구함으로써 원의 둘레의 길이를 어림하였다.

또한 그는 지레의 원리를 이용해 구의 겉넓이와 부피가 그 구가 내접하는 원기둥의 겉넓이와 부피의 $\frac{2}{3}$가 된다는 사실을 증명해냈다. 이는 미적분학의 기초가 되었다. 18세기에 이르러 미적분학이 발달하기 전까지 아르키메데스보다 입체의 부피와 겉넓이에 대해 자세하고 정확하게 정리한 사람이 없을 정도였다.

그 당시 아르키메데스가 해결하지 못한 수학 문제는 없었다. 과연 세계 3대 수학자 중 하나라고 할 만하다.

05

수학기호를 맨 처음 사용한

디오판토스

"뭐야, 이게 수학 문제야, 영어 시험이야?"

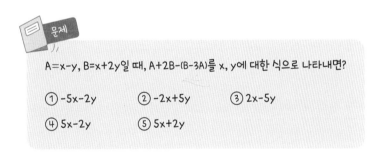

문제

A=x-y, B=x+2y일 때, A+2B-(B-3A)를 x, y에 대한 식으로 나타내면?

① -5x-2y   ② -2x+5y   ③ 2x-5y

④ 5x-2y   ⑤ 5x+2y

"수학도 끔찍한데 영어까지 합세해서 우리를 말려죽일 작정인가!"

고글은 문섭이의 고함 소리에 놀랐다.

"왜? 왜? 문섭아, 왜 그래?"

"수학만도 하기 싫은데 수학에 웬 영어와 기호들이 이렇게 많아. 우이씨, 수학이야? 영어야?"

"푸하하하, 수학기호 때문에 화가 난 거로구나."

고글은 문섭이에게 탁상용 시계를 들게 했다. 그렇게 그들은 시간 속으로 날아갔다.

"끼아악, 여기는……."

문섭이가 부들부들 떨었다.

"문섭아, 너무 무서워하지 마. 사람이라면 누구나 다 죽는 거야."

"고글, 왜 이런 무시무시한 공동묘지에 나를 데려온 거야. 내가 죽은 거야?"

"하하하, 농담이야. 죽긴 우리가 왜 죽어. 우리는 아직 어려. 여기에 온 이유는 수학자의 묘비를 보기 위해서야."

"수학자의 묘비는 왜? 수학을 싫어하는 학생이 묘지를 파헤치기라도 했단 말인가?"

"묘지를 왜 파헤쳐. 생각을 해도. 키키키. 재미난 수학자의 묘비를 보여주기 위해서 왔어."

고글이 문섭이에게 보여준 묘비에는 이렇게 쓰여 있었다.

나는 일생의 $\frac{1}{6}$을 소년 시절로 보냈고, 그 후 일생의 $\frac{1}{12}$이 지나서 수염을 길렀다. 다시 일생의 $\frac{1}{7}$을 지나 결혼을 하였고, 결혼

후 5년 만에 첫아들을 얻었다. 그의 아들은 아버지 일생의 $\frac{1}{2}$을 살았고, 아버지보다 4년 앞서 세상을 떠났다.

나는 몇 살에 죽었게?

"뭐 이런, 어처구니없는 묘비가 다 있어."

"문섭아, 그래도 이 문제 한번 풀어 봐."

"고글, 너 사람 잘못 봤어. 내가 이 정도 문제를 풀 실력이면 이런 무시무시한 묘지에 왜 오겠어. 학원 심화반에 다니지."

"하하하, 그럼 내가 방정식으로 이 문제 풀 테니 잘 봐둬라."

다음은 고글이 세운 방정식이다.

수학자의 나이를 우선 x라 두고
$$x = \frac{1}{6}x + \frac{1}{12}x + \frac{1}{7}x + 5 + \frac{1}{2}x + 4$$
방정식을 차근차근 풀면 $x = 84$

"이 수학자는 84세에 죽었어."

"이런 괴짜 수학자가 오래도 살았네. 이 수학자는 누구야?"

"이 수학자가 바로 수학기호를 맨 처음 사용한 디오판토스야."

"디오판토스?"

그때 그들 앞에 유령이 나타났다.

"죽은 날 왜 찾는 거냐?"

고글이 문섭이를 뒤로 숨기며 말했다.

"당신이 바로 대수학자 디오판토스?"

"그렇다. 나는 대수학의 아버지 디오판토스다. 지금은 이 세상 사람이 아니지만."

"괜찮아요. 우리도 이 시대 사람이 아니거든요. 그런데 질문 하나 부탁드려도 돼요?"

"무슨 부탁이냐? 뭐 돈 빌려달라는 그런 부탁이면 애시당초 하지도 마라."

"돈은 무슨……, 선생님이 수학에 문자를 도입한 최초의 수학자라면서요. 왜 수학만으로도 힘든데 수학에 문자까지 섞은 거예요?"

"문자 도입이 너희들을 괴롭혔다고? 말도 안 되는 소리다. 너, 제대로 알고 그런 소리를 하는 거니? 내가 문자를 수학에 도입하면서 수학의 표현이 얼마나 간편해졌는데."

디오판토스는 다음과 같은 이야기를 해주었다.

어떤 수에 3을 더하면 5가 된다는 것을 문제를 풀 때마다 이런 식으로 표현해 봐. 어떤 수를 남기고 5쪽으로 3을 넘기면 어떤 수는 5에다가 3을 빼준 형태가 된다. 그래서 어떤 수는 5빼기 3으로 2가 되어 어떤 수는…….

"선생님, 그만, 그만하세요. 날씨도 더운데, 무슨 수학풀이가 그렇게 길어요?"

그러자 디오판토스는 다음과 같이 표현해주었다.

$$x+3=5$$
$$x=5-3$$
$$x=2$$

그런데 저쪽에서 목사님이 십자가를 들고 나타났다.

"어이, 거기 반칙 쓰는 유령, 무덤 속으로 안 들어갈래?"

그러자 디오판토스가 말했다.

"이크, 저런 지옥의 사자, 또 나타나서 나의 점심 산책을 방해하는구나. 귀신은 다 뭐 하는지 몰라. 저놈 좀 안 잡아가고……."

디오판토스는 서둘러 자신의 무덤으로 사라졌다.

"문섭아, 우리도 여기를 피하자. 저 목사님 성깔 장난이 아닌 것 같아. 괜히 여기 있다가 우리도 봉변당할라."

고글과 문섭이도 시간 속으로 들어갔다.

고대 그리스 알렉산드리아 출신의 수학자이다. 대수학의 아버지라고 불릴 정도로 대수학의 발전에 큰 영향을 미쳤다.

그의 활동 시기는 대략 3세기 후반쯤으로 추정된다. 그의 행적은 약간은 불확실하다. 하지만 당시 수학은 철학과 천문학으로 확실히 분화되어 자리를 굳힌 시기였다. 수학도 자체적으로 분화가 일어나기 시작했다. 즉 수학이 여러 분야로 나뉘어 발전했다. 수학자들 역시 독자적으로 자신의 분야를 발전시켜나갔던 시기이기도 하다.

디오판토스는 대수학이라는 수학의 한 분야를 정통으로 공부했다. 그의 연구 분야는 고대 그리스의 기하학에서 벗어나 바빌로니아인의 대수적 방법에 연구의 뿌리를 두고 있었다. 하지만 바빌로니아 대수와 약간의 차이가 있다. 바빌로니아 대수는 논과 밭의 크기, 화폐 단위 등 구체적인 사물과 연결하여 수를 다루는 반면 디오판토스는 수의 개념을 추상화했다. 앞의 묘비명에서 알 수 있듯이 그는 수를 무척이나 사랑했다.

디오판토스가 남긴 저서로는 『산술』, 『다각수에 관하여』, 『계론』 등이 있다. 그중 『산술』은 디오판토스의 독창성과 수학적 역량을 한껏 발휘한 책으로 그 당시 알렉산드리아의 최고의 걸작이라는 찬사를 받으며 그를 대수학의 아버지로 만들어주었다. 『산술』은 모두 13권으로 이루어져 있는데 그 안에는 정방정식과 부정방정식의 해를 구하는 약 130개의 문제를 담고 있다. 부정방정식의 해를 구하는 법은 오늘날에도 디오판토스의 해석적 방법으로 잘 알려져 있다. 하지만 아쉽게도 현재 13권 중 6권만 전해지고 있다.

디오판토스의 중요한 업적 중 하나는 바로 기호를 사용한 것이다. 오늘날 학생들이 긴 말을 간략하게 줄여서 표현하듯, 수학기호도 마찬가지이다. 예를 들어 보자.

미지수는 S

미지수의 제곱 Δ^γ

미지수의 세제곱 K^γ

미지수의 4제곱은 제곱의 제곱 $\Delta^\gamma \Delta$

미지수의 5제곱은 세제곱의 제곱 $\Delta^\gamma K^\gamma$

미지수의 6제곱은 세제곱의 세제곱 $K^\gamma K$

마이너스 기호는 ⋔

이처럼 말로 표현하면 상당히 길어질 것을 간단한 기호로 나타내면 효율적이다. 디오판토스 이전까지는 모든 대수 방정식을 산문 형식으로 길게 풀어 썼는데 디오판토스가 자주 사용하는 연산을 특정한 기호로 표현하기 시작하면서 대수학의 발전을 가져왔다. 디오판토스는 이런 수학기호를 이용해 1차 방정식과 2차 방정식의 해를 구하는 방법도 연구했다.

또한 그는 연립방정식과 제곱수에 대해서도 연구했다. 『산술』에는 오늘날 수학 교과서와 거의 똑같은 문제가 있다.

> $10x+9$와 $5x+4$를 각각 어떤 수의 제곱이 되도록 만드는
> 수의 값을 구하여라.

디오판토스의 방정식은 후대의 수학자에게도 큰 영향을 미치는데 3차 방정식이나 4차 방정식의 해법을 연구한 이탈리아의 타르탈리아[1]와 페라리[2]에게도 영향을 주었다.

4차 방정식의 해법이 발견되자 오일러[3], 라그랑주[4] 등 많은 수학자들은 5차 방정식의 해법도 구하리라 믿고 도전했지만 모두 실패했다. 왜냐면 5차 방정식의 해법은 '존재하지 않는다'가 답이기 때문이다. 때로 수학은 답이 없는 것이 답일 때도 있다.

---

1 니콜로 타르탈리아(1499~1557): 이탈리아의 수학자이자 물리학자로 3차 방
  정식의 해법을 세웠다.
2 로도비코 페라리(1522~1565): 이탈리아의 수학자로 스승 지롤라모 카르다
  노를 도와 4차 방정식의 일반적인 해법을 발견했다.
3 레온하르트 오일러(1707~1783): 스위스의 수학자이자 물리학자로 수학 분
  야에서 미적분학을 발전시키고, 변분학을 창시했으며, 대수학·정수론·기하
  학 등 여러 방면에 걸쳐 큰 업적을 남겼다.
4 조제프 루이 라그랑주(1736~1813): 프랑스의 수학자이자 천문학자.

5차 방정식의 일반적인 해법이 없다는 것을 증명한 수학자는 노르웨이의 천재 수학자 아벨[5]이었다. 페르마[6]의 마지막 정리를 들어본 적이 있는가? 수학을 좀 한다는 사람들은 이 정리의 대단한 사건을 알고 있을 것이다.

페르마의 마지막 정리는 일반인에게도 알려졌지만 많은 수학자에게도 현상금이 걸린 문제였다. 이 문제가 생긴 이래로 300년 동안 어떤 수학자에게도 그 답을 내어주지 않았다.

문제는 간단하다.

$$n\text{이 3 이상의 정수일 때, } x^n + y^n = z^n \text{을 만족하는}$$
$$\text{양의 정수 } x, y, z\text{는 존재하지 않는다.}$$

이것을 증명하는 것이 300년간 누구도 알아내지 못한 비밀의 아성을 지닌 문제였다. 이 난제는 1998년에서야 영국 케임브리지 대학의 앤드루 와일즈[7] 교수가 해결했는데, 증명이 무려 200쪽이 넘는다. 이 문제를 촉발시킨 배경에는 디오판토스가 있었다.

---

5 닐스 헨리크 아벨(1802~1829):노르웨이의 수학자로, '아벨의 적분', '아벨의 정리', '아벨방정식' 등 오늘날 사용되고 있는 많은 수학 용어에 그의 이름이 붙을 만큼 뛰어난 수학자이다.
6 피에르 파르마(1601~1665): 법률학을 전공했지만 해석기하학, 미적분, 확률론과 정수론 부분에서 큰 공헌을 한 프랑스 수학자이다.
7 앤드루 와일즈(1953~): 페르마의 마지막 정리를 증명한 영국의 수학자.

사건은 이렇다. 페르마라는 수학자가 디오판토스의 책『산술』귀퉁이에 이 문제를 증명했는데 여백이 부족하여 적지 못했다는 말이 사건의 발단이 되었다.

『산술』표지

제1부 고대의 수학자들

06

인류 최초의 여성 수학자

히파티아

학생들의 적은 뭐니 뭐니 해도 연립방정식의 해 구하기다.

x, y가 자연수일 때, 연립방정식 $\begin{cases} x+y=5 \\ x-y=1 \end{cases}$ 의 해는?

x, y가 자연수일 때, 각각의 1차 방정식의 해를 표로 나타내면 다음과 같다.

x+y=5

x	1	2	3	4
y	4	3	2	1

x-y=1

x	2	3	4	5
y	1	2	3	4

따라서 공통인 해는 (3, 2)이므로 연립방정식의 해는 (3, 2)이다.

"뭐야, 풀이가 뭐 이렇게 복잡해."

"너, 지금 제정신 아니지?"

웬일로 수학을 공부하고 있는 문섭이를 보고 고글이 말했다.

"새로 오신 수학선생님이 너무 예쁘셔."

"너, 수학선생님이 예뻐서 싫어하는 수학을 공부하는 거니?"

고글은 인간인 문섭이의 마음을 이해할 수 있을까? 특히 예쁜 여선생님에게 잘 보이고 싶은 남학생의 마음을 말이다.

"수학은 너무 싫지만 새로 오신 수학선생님은 너무 좋아~."

고글과 문섭이는 시간을 이용한 여행을 시작했다.

"우아, 저 선생님도 너무 예쁘다!"

"저분은 그리스의 여성 수학자이신 히파티아."

"우아, 진짜 수학을 배우고 싶어져. 저 선생님한테만."

문섭이는 하여튼 제사보다는 젯밥에 관심이 많은 것 같다.

"히파티아 선생님이 이차곡선에 대한 수업을 하시네. 그래, 문섭아. 우리도 수업을 들어보자."

"와아, 신난다."

"아휴, 언제는 수학이 세상에서 제일 싫다더니."

예쁜 히파티아 선생님은 원뿔과 날카롭지만 무섭지 않게 생긴 칼을 들고 있었다.

문섭이가 칼을 보고 말했다.

"수학 수업에 웬 칼일까? 사과라도 깎아주시려나?"

고글이 재빨리 문섭이의 입을 막았다.

"뭔 바보 같은 소리야. 히파티아 선생님은 지금 이차곡선에 대한 설명을 하시려나 봐."

1. 포물선

$y^2=4px(p\neq0)$ 초점이 F $(p, 0)$ 준선이 $x=-p$인 포물선의 방정식

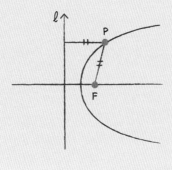

2. 타원

$\dfrac{x^2}{a^2}+\dfrac{y^2}{b^2}=1(a>c>0,\, b^2=a^2-c^2)$ 두 초점 $F(c,0),\, F'(-c,0)$에서의

거리의 합이 $2a$ 인 타원방정식

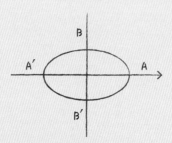

3. 쌍곡선

$\dfrac{x^2}{a^2}-\dfrac{y^2}{b^2}=1(c>a>0,\, b^2=c^2-a^2)$ 두 초점 $F(c,0),\, F'(-c,0)$에서의

거리의 차가 $2a$ 인 쌍곡선의 방정식

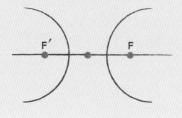

히파티아 선생님의 수업은 재미있었다. 신기하기도 하고. 그래

서인지 문섭이는 간만에 눈빛을 반짝이며 수업을 들었다.

선생님은 세 번의 칼질로 포물선, 타원, 쌍곡선을 간단하게 표

현했다.

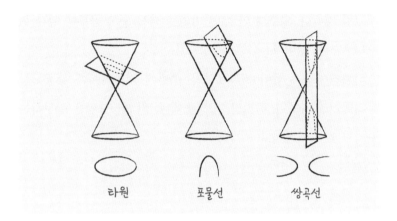

타원 　　 포물선 　　 쌍곡선

히파티아 선생님이 칼질을 할 때마다 포물선, 타원, 쌍곡선이 나
타나기 시작했다.

문섭이는 얼굴만 예쁜 것이 아니라 수학도 쉽고 재미있게 가르
쳐주는 히파티아 선생님에게 푹 빠졌다.

"나, 이제 수학 완전 사랑해."

앗, 그런데 한참을 들떠있던 문섭이가 갑자기 쓰러졌다.

고글도 놀라고 히파티아 선생님도 놀랐다.

"문섭아, 왜 그래! 호들갑 떨더니 이게 뭐야."

히파티아 선생님이 문섭이의 몸 상태를 보고 나서 하얀 물약을
자신이 개발한 액체비중계로 용량을 맞추고 섞어 문섭이에게 먹
였다.

잠시 후, 문섭이가 정신을 차렸다.

"너무 걱정하지 마라. 피로가 쌓였을 뿐이다."

그럴 것이다. 평소에 안 쓰던 머리를 써서 수학 공부에 열 올렸으니 무리한 셈이다.

히파티아가 문섭이를 치료하자, 주변에 히파티아를 추종하는 무리들이 열광했다. 하지만 어느 곳에나 뛰어난 사람을 질투하는 무리가 있기 마련이다.

"여자가 무슨 수학을 강의하고 사람을 치료한담."

뒤에서 악담하는 자들이 나타났다.

"고글, 저 소리는 대체 뭐지? 여자는 선생님 하면 안 되는 거야?"

"응. 5세기 알렉산드리아에서는 여자가 수학을 가르친다는 것을 받아들이기 힘든 시절이었어. 그 당시 히파티아는 최초의 여성 수학자였지만 그녀의 실력에 비해 정당한 대우를 받지 못했어."

"뭐야, 불공평하다. 저렇게 예쁜 수학자가 있다는 것이 알렉산드리아의 자랑인 것을……."

또다시 고글의 얼굴이 어두워졌다.

"뭐야, 고글! 왜 갑자기 얼굴이 어두워지는 거야? 설마 히파티아 선생님에게 무슨 일이 생기는 것은 아니겠지? 나, 아르키메데스 선생님의 사건으로 가슴이 얼마나 아팠는데. 아니라고 말해줘."

"휴, 역사는 우리가 바꿀 수 없단다, 문섭아."

"그럼, 히파티아 선생님에게도 무슨 일이 생기는 거야?"

"……."

"또 살해당하시는 건 아니겠지? 아니라고 말해. 어서!"

그때 바깥이 소란스러웠다.

"저 여인을 끌어내라! 이단이다!"

문섭이가 놀란 눈빛으로 고글을 바라봤다.

"바깥에서 지르는 저 고함의 의미가 뭐야?"

"문섭아, 저들은 종교 지도자들이 이끄는 무리들이야."

"뭐? 종교인들이 왜 히파티아 선생님을……."

"당시 종교인들이 보기에는 수학과 과학의 논리성과 실험정신이 그들에게는 위협적으로 느껴졌던 거야. 그래서 히파티아 선생님이 그들의 추종자를 빼앗아갈 것 같아 두려워하는 거야. 당시는 천둥과 벼락을 신의 노여움이라고 믿던 시대였거든."

문섭이가 바깥으로 나가는 히파티아 선생님을 말렸다.

"안 돼요. 선생님. 나가시면 안 돼요."

"호호호, 문섭 학생. 나는 아무 잘못이 없어요. 수학은 거짓말을 하는 학문이 아니랍니다."

"참과 거짓의 문제가 아니에요. 저들은…… 저들은……."

고글이 문섭이를 말렸다.

"문섭아, 정해진 과거의 역사는 어쩔 수 없어."

문섭이 무릎을 꿇은 채 절망했다.

"너무 염려 말아요. 문섭 학생, 저들은 종교인이니 별일 없을 거예요."

하지만 그 말은 히파티아가 모르고 한 말이다. 그들은 종교인이기도 하지만 폭도들이었다.

고글은 문섭이의 손을 잡고 얼른 시간 속으로 들어갔다. 그다음 장면은 문섭이가 보기에 너무 끔찍한 상황이었기 때문이다.

문섭이가 편지 한 장을 보면서 눈물을 뚝뚝 흘렸다.

문섭 학생.

학생의 연립방정식 풀이를 우연히 보았어요. 일일이 숫자를 대입하여 풀고 있네요.

그래서 나는 연구했어요. 일일이 대입하지 않는 방법을.

아마도 문섭 학생에게 도움을 줄 거예요.

x, y가 자연수일 때, 연립방정식 $\begin{cases} x+y=5 \\ x-y=1 \end{cases}$ 의 해는?

위 식과 아래 식을 더해보면 재미난 현상이 일어나요.

$$2x=6, x=3$$

---

x가 3이니까 3을 위 식이나 아래 식에 넣어 구하면 돼요. 하지만 위 식에 넣는 게 좋아요. 대부분 -(마이너스)는 싫어하니까요.

$$3+y=5,\ 정리하면\ y=5-3,\ y=2$$

이렇게 구해보면 해는 $x=3$, $y=2$가 바로 나와요. 이 방법에 익숙해지면 일일이 대입해서 구하는 것보다 편리할 거예요.

문섭이 학생 파이팅!!! 수학을 사랑해주세요.

히파티아 Hypatia, 350~415

이집트에서 수학을 가르치고 책을 쓴 최초의 여성 수학자이다. 많은 남성이 결혼하고 싶어서 줄을 섰다는 말이 떠돌 정도로 외모가 수려했다. 히파티아는 4세기 경 이집트의 알렉산드리아에서 무남독녀로 태어났다. 히파티아의 아버지는 무제이온에서 수학과 천문학을 가르치는 교사였으며 나중에는 무제이온의 책임자가 되었다. 그녀의 아버지는 히파티아가 어렸을 때부터 그녀의 교육에 매진했다. 달리기, 걷기, 말 타기, 노 젓기, 수영을 통해 신체적 능력을 길렀을 뿐만 아니라 이성적 능력을 기르기 위해서 수학과 과학을 가르쳤다. 또한 그리스인의 필수 과목인 웅변도 열심히 가르쳤다. 그 덕분에 히파티아는 어린 나이에도 훌륭한 교사로 명성을 얻고 학생들의 동경의 대상이 되었다.

히파티아는 혼자서 디오판토스의 『산학』, 아폴로니우스의 『원추곡선론』에 대한 주석서를 썼다. 그 당시 이 책은 가장 최신의 내용을 담고 있었다. 한마디로 수학의 최신판이었다!

그녀는 학생들에게 다양한 시각을 강조했고 논쟁의 여지가 있는 문제에 대해서도 관심을 가지라고 가르쳤다.

히파티아는 무제이온의 교사로 유명세를 떨친 후, 신플라톤 학파의 책임자가 되었다. 그녀는 결혼하지 않고 자유롭게 살면서 책을 쓰고, 학생들을 가르치며 일생을 바쳤다.

또한 그녀는 실용적인 기술을 가진 유능한 과학자이기도 해서 천체 관측기구와 액체비중계의 설계도를 만들기도 했다.

하지만 이 놀라운 업적에도 불구하고 그녀는 비극적 죽음을 맞이한다. 기독교와 유대교 지도자들은 그녀의 수학적이고 과학적인 사고방식이 자신들의 종교적 가르침에 해가 된다고 판단해 그녀를 탄압하기 시작했다. 마침내 그녀는 종교선동집단에 의해 살해당하고 만다.

히파티아의 업적을 한 가지 이야기한다면 단연 섬세하게 쓴 수학 해설서라고 할 수 있다. 그 옛날의 수학책 역시 딱딱함을 벗어나지 못했다. 히파티아는 일부 내용의 설명 방법을 바꿔보기도 하고 오류를 수정하는 등 새롭게 발견된 내용을 추가하여 학생들과 학자들에게 좀 더 나은 학습을 할 수 있도록 책을 만들었다. 당시 학생들뿐만 아니라 미래 세대까지 내다보고 쓴 이 주석서는 후세에 높이 인정받아 수천 년 동안 모든 교과서의 표준이 되었다. 이후 수세기에 걸쳐 많은 주석서가 나오지만 히파티아의 아성을 깨지 못했다.

수학은 과학을 나타내는 언어로서 반드시 과학과 함께 진화한다. 히파티아의 주석서에 보면 그리스 수학자 아폴로니우스의 『원추곡선론』이 나오는데, 여기에 타원과 포물선 그리고 쌍곡선을 소개하고 있다.

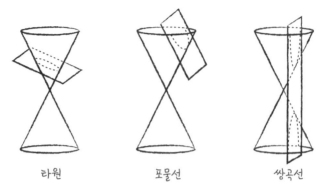

| 타원 | 포물선 | 쌍곡선 |

2개의 원뿔과 한 평면이 만나면 타원, 포물선, 쌍곡선 모양 중 하나의 절단면이 만들어진다.

여기서 타원은 발전을 거듭하여 원자 안의 전자의 이동 경로를 나타내는 모습에 이용되었고 태양 주위를 도는 행성의 궤도를 표현하는 데 사용한다.

포물선의 발전은 아주 대단하다. 포물선은 조명기구의 탐조등과 자동차의 헤드라이트에 이용되었다. 포물면 거울의 초점에 광원을 놓으면 불빛은 포물면에 반사돼 축과 평행인 방향으로 직진한다. 이런 원리가 먼 곳에 있는 목적물을 비치기 위한 조명기구인 서치라이트(탐조등)와 자동차의 헤드라이트에 이용된다. 그리고 위성수신 안테나에도 이용되었다. 접시 모양의 안테나를 많이 보게 되는데. 그것이 바로 위성중계 TV를 보기 위한 파라볼라 안테나이다. 위성중계 안테나는 왜 하필 포물선 모양을 하고 있는 것일까? 외부에서 포물선의 초점을 지나는 광선과 평행하게 들어오는 광선이나 전파는 모두 포물선의 초점에 모이게 된다는 성질을 갖고 있다. 포물선의 이러한 성질을 이용한 물건은 안테나 외에도 손전등, 스탠드의 갓이 있다. 이들은 포물선의 성질을 파라볼라 안테나와는 반대로 응용된다. 끝으로 자동차의 와이퍼는 원추곡선의 쌍곡선의 성질을 이용하여 만들어졌다.

제2부

중세의 수학자들

"고글, 고글. 이것 좀 봐. 이런 게 수학의 정체야. 양심도 없어. 피도 눈물도 없게 생긴 모습을 좀 보라구."

3차 방정식 $ax^3 + bx^2 + cx + d = 0(a \neq 0)$의 세 근을

α, β, γ라 하면

$\alpha + \beta + \gamma = -\dfrac{b}{a}$, $\alpha\beta + \beta\gamma + \alpha\gamma = \dfrac{c}{a}$, $\alpha\beta\gamma = -\dfrac{d}{a}$가 성립한다.

"아, 3차 방정식의 근과 계수와의 관계구나."

"관계? 뭐 이런 관계가 다 있어. 좀 인간적인 관계는 없는 거니? 수학은 시 같은 아름다운 것을 본받으면 안 되나. 도저히, 친해질 수가 없어. 아마도 수학자들은 모두 감정이 메말랐을 거야."

"꼭 그렇지만은 않을 거야. 내 손을 잡아 봐."

그렇게 고글과 문섭이는 시간의 축을 넘었다.

세 남자가 심각한 표정으로 무언가를 이야기하고 있다. 이들은 각각 하이얌, 하산, 니잠이다.

하산이 말했다.

"우리 굳은 약속 하나 하자."

"무슨 약속?"

하이얌과 니잠이 물었다.

"이다음에 우리들 중 누구라도 먼저 명예나 권력이나 많은 재산을 갖게 되면, 셋이서 나누어 갖기로 하자."

하산의 말에 두 사람이 동의하려는 순간에 고글과 문섭이가 나타났다.

고글이 말했다.

"그런 깨질 약속 같은 거 하지 마세요!"

이번에는 문섭이가 말렸다.

"고글, 왜 남의 우정을 깨려고 해."

"하긴, 지난 역사는 바꿀 수 없는 것인데……. 아, 계속하세요. 미안해요."

하산의 눈빛이 좋지 않았다. 여기서 수학자는 오마르 하이얌이기 때문에 고글과 문섭이는 그를 따라가기로 했다.

고글은 혼자 말했다.

"불쌍한 니잠."

고글이 하이얌에게 말을 걸었다.

"선생님, 하이얌 선생님."

하이얌은 친구들과 헤어져 가다가 고글의 부름에 답했다.

"오, 형제여. 무슨 일인가? 나에게 무슨 볼일이라도 있는가?"

당시 페르시아 사람들은 모든 사람을 형제처럼 여겼다.

고글은 문섭이에게 수학 문제를 하나 건네주고 하이얌에게 말했다.

"하이얌 선생님, 지금 선생님께서 왕실의 부탁으로 달력을 개정한다는 소식을 들었습니다."

"벌써 알려지다니. 참 세상 소문 한번 빠르구나. 그래서요?"

고글이 문섭이의 등을 밀었다.

"수학 문제 물어봐, 어서."

"우이씨…… 선, 선생님, 이 문제 좀……."

하이얌은 문섭이가 내민 문제를 한번 쭉 훑어보았다.

달력의 ☐ 안에 있는 9개의 수를 모두 더하면 90이다. 이와 같은 모양으로 9개 의 수를 모두 더한 합이 153이라면 9개의 수 중 가운데 수는 얼마일까?

일	월	화	수	목	금	토
1	2	3	4	5	6	7
8	9	10	11	12	13	14
15	16	17	18	19	20	21
22	23	24	25	26	27	28
29	30	31				

하이얌이 관심을 보이며 말했다.

"이런 재미난 달력 문제는 어디서 구했니? 우아, 이런 문제 또 살 수는 없니? 장터에서 파는 거니?"

"재밌기는 개뿔! 이런 문제를 만든 자는 모두 감옥에 처넣어야 해!"

"하하하, 어렵지 않아. 가운데 수는 마치 평균을 구하는 것과 유 사하게 생각하면 돼."

하이얌은 153을 아홉 개의 수의 합이라는 말에 힌트를 얻어 153 나누기 9를 감행했다.

"평균은 언제나 정중앙에 들어가 있단다. 그래서 153 나누기 9를 하면 17이 나오지. 그게 한가운데 박히면 돼. 이웃한 9개의 수를 모두 더한 합을 9로 나눈 몫은 가운데 수와 같거든."

하이얌은 9개의 수를 감싸고 있는 네모를 조정해서 17이 가운데로 오게 만들었다.

일	월	화	수	목	금	토
1	2	3	4	5	6	7
8	9	10	11	12	13	14
15	16	⑰	18	19	20	21
22	23	24	25	26	27	28
29	30	31				

"의심이 많은 학생인 자네가 네모 안의 수를 다 더해 봐. 153이 되는지 확인해 봐야지. 안 그래?"

문섭이가 의심 많은 학생이라는 말에 손가락으로 자신을 가리키며 나, 라고 하자 하이얌과 고글이 동시에 고개를 끄덕였다.

"우이씨, 9+10+11+16+17+18+23+24+25는……. 아이고, 귀찮아. 시대가 바뀌어서 계산기도 없으니 일일이 다 더해야 하잖아. 끙."

땀을 뻘뻘 흘리며 일일이 계산을 마친 문섭이가 말했다.

"정확히 153이 되네요. 이제 두 번 다시 이런 거 시키지 마세요."

고글은 하이얌에게 물었다.

"선생님께서는 3차 방정식을 연구하셨다지요?"

"오, 그래. 참 생동감 넘치는 방정식이면서 함수로 변신할 땐 무척 아름답고 역동적이지."

3차 방정식이라는 말에 문섭이의 적개심이 불타오른다.

"뭐, 3차 방정식이 아름답다구요? 무슨 뱀 꼬리 잡아 꿈틀대는 소리람."

문섭이의 말에 하이얌이 붓을 잡았다. 그리고 다음과 같은 두 식을 썼다.

$$y = 3x^3 + x^2 + x + 4,$$
$$y = -3x^3 + x^2 + x + 4$$

"문섭이 학생, 이 두 식의 차이가 뭘까?"

"저를 무슨 장님이라고 생각하세요. 삼차항의 계수가 하나는 3이고 다른 하나는 −3이잖아요. 나머지는 똑같고요."

"하하하, 네 말이 맞다. 그런데 이들의 그림을 그려보면 완전히 아름답게 대칭된단다."

"3차 방정식이 그림으로 나타난다고요?"

고글이 대신 대답했다.

"선생님 말씀이 맞아. 3차 방정식을 3차 함수로 바꿔서 좌표평면에 그림으로 나타낼 수 있어. 그것을 수학자들은 대수방정식과 기하학의 만남이라고 하지."

"고글, 니 말이 더 어려워."

투덜대는 문섭이를 위해 하이얌은 다시 붓을 들어 하얀 도화지에 그림을 그렸다.

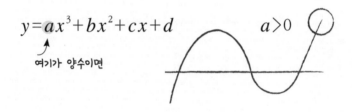

"3차 방정식에서 맨 앞이 양수가 되면 어떤 수라도 상관없이 양수만 되면 이런 그림이 나오지."

하이얌의 친절한 설명과 그림에 문섭이도 약간 감동을 받았다.

"용이 승천하는 그림 같다!"

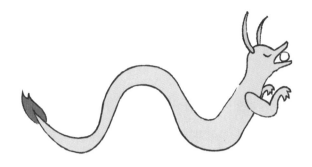

하이얌은 아직 끝나지 않았다며 또 하나의 그림을 그렸다.

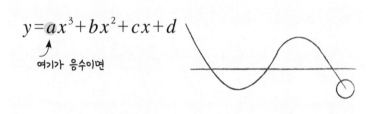

$$y = a x^3 + b x^2 + c x + d$$

여기가 음수이면

그림을 본 문섭이가 말했다.

"삼차항의 계수가 음수이면 왼쪽 위로 용이 승천하는 그림이 생기는구나."

고글이 옆에서 거들었다.

"이것이 바로 3차 방정식의 위력이야."

문섭이가 숙인 고개를 들며 마치 중국의 제자가 스승에게 예의를 표하듯 합장했다.

"대단하십니다. 하이얌 선생님."

문섭이가 수학자에게 존경을 표하는 장면을 본 고글의 눈빛이 촉촉해졌다.

문섭이는 시간의 축을 넘어오면서 고글에게 슬픈 이야기 하나를 들었다. 앞에서 하이얌과 니잠, 하산이 누군가 출세하면 서로 돕자고 했던 이야기의 뒷내용이었다. 마침내 니잠이 먼저 출세하여 하이얌은 학자의 길을 가게 도와주고 하산은 정치인이 되게 해주었는데 출세욕에 눈이 먼 하산이 자신을 도운 니잠을 살해한다는 슬픈 이야기였다.

학자인 하이얌은 살아남았지만 같은 정치인의 길을 걷게 된 니잠과 하산, 두 사람의 운명은 친구를 살해하는 서글픈 결과를 낳았다.

아참, 3차 방정식의 달인 하이얌은 시인으로도 유명한데 그의 시를 한 편 소개한다.

나무 그늘 아래 놓인 시집 한 권

포도주 한 병과 빵 한 조각

황야에서 당신 또한 내 곁에서 노래하니

오! 황야여, 너는 천국이로구나.

오마르 하이얌 Omar Khayyám, 1040~1123

페르시아의 수학자이자 시인, 천문학자였던 오마르 하이얌은 이란 북동부의 니샤푸르에서 태어났다. 수학·천문학·의학·법률·철학 등에 능통했던 그는 페르시아의 문예 부흥기를 이끈 대표자로 손꼽힌다.

그가 저술한 책 중에는 시집인 『루바이야트』가 유명하다. 무려 1,000여 편에 달하는 시가 담긴 『루바이야트』에는 자유주의와 합리주의 그리고 현세주의적 경향이 두드러지게 나타난다. 이 시집은 19세기 말 영국의 시인 피츠제럴드[1]가 영어로 번역한 후로 세계적으로 유명해졌다.

하이얌은 3차 방정식을 14가지 유형으로 분류하고 모든 유형의 3차 방정식에 대해 기하학적으로 해법을 제시했다. 그는 비유클리드 기하와 관련

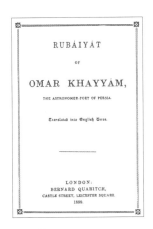

『루바이야트』 표지

---

1 에드워드 피츠제럴드(1809~1883): 19세기 영국의 시인이자 번역가. 오마르 하이얌의 4행 시집 『루바이야트』를 음악적인 풍려한 색채의 시로 번역해 명성을 얻었다.

된 일련의 정리를 최초로 증명하기도 했다. 시와 수학은 물론 음악 이론과 실존주의 철학, 천문학에 관한 연구 결과를 책으로 묶어 발간했다.

또한 그는 많은 과학서뿐만 아니라 잘라르력이라는 달력을 남겼다. 1074년 8명의 천문학자들과 함께 만든 이 달력은 그 시대의 어떤 달력보다도 정확하게 1년의 길이를 측정했다고 평가받는다. 태양력이었던 잘라르력은 실제 사용되지는 못했지만, 천문학적인 면에서는 그레고리력보다도 더 정확하여 3,770년에 단 하루의 오차만이 있다고 한다.

08
피보나치 수열을 발견한
피보나치

문섭이가 씩씩거리며 방 안으로 들어왔다.

"누가 그런 수 배열을 만들어서 나를 개망신 주는 거야?"

어리둥절한 표정의 고글이 조심스럽게 물었다.

"무슨 일이야? 어떤 수 배열인데 그래?"

"1, 1, 2, 3, 5, 8, 13, 21 다음에 올 수는?"

"34!"

"고글, 너 또 내가 당한 일을 봤구나."

"보긴 뭘 봐. 지금 네가 말한 그 수 배열은 아주 유명한 수 배열이구만."

"뭐라고? 이 수 배열이 유명한 수 배열이라고?"

"그럼, 그런 수 배열을 수학자들은 피보나치 수열이라고 부른단다."

"피보나치? 그게 뭐하는 건데?"

"키키, 피보나치는 수학자 이름이란다."

"그래?"

문섭이는 수첩에 뭔가를 기록한다.

"문섭아, 수첩에 뭘 적은 거니?"

"응, 내가 복수할 수학자 명단에 피보나치를 써두는 거야."

"복수는 복수를 낳는 법! 이러지 말고 피보나치를 만나러 가자."

고글은 문섭이의 손을 잡고 시간의 축을 넘었다.

피보나치 학생 시절로 갔다. 피보나치 자리 뒤에 문섭이와 고글
도 앉았다.

문섭이가 피보나치를 보며 공감을 표했다.

"저 인간, 공부는 안 하고 창밖만 보네. 나랑 똑같네. 수업시간에
딴짓 하는 게."

문섭이는 학창 시절의 피보나치가 수업에 집중 안 하는 모습을
보며 약간 친근한 동질감을 느꼈다. 그때 선생님이 말했다.

"피보나치, 수업에 열중 안 하고 또 창밖을 바라보는구나. 복도
에 나가서 무릎 꿇고 두 손 들고 있어."

문섭이가 낄낄거리며 웃었다.

"거기 뒤에 괴상한 생명체 같은……, 그래. 너는 따라 나가서 같

이 벌써."

고글도 따라 나왔다.

세 명이 나란히 벌을 섰다.

벌을 서면서도 피보나치는 뭔가 골똘히 생각하는 것 같았다. 문섭이 피보나치에게 물었다.

"넌 뭔 생각을 그렇게 골똘히 하는 거야? 집에 떡이라도 숨겨놓고 왔냐?"

"피사의 사탑[1]!"

피보나치가 벌떡 일어났다.

"알았다. 땅의 구조로 보아 실제로 남쪽이 상대적으로 부드러울 거야. 그게 확실해!"

이때 선생님 목소리가 들렸다.

"뭐가 확실해? 이 녀석들이 벌을 서면서도 떠들어. 이놈들 몽땅 이리 와. 너희들이 매를 맞아야 정신을 차릴 게 분명하군."

그 순간 고글이 문섭이와 피보나치의 손까지 동시에 잡고서 다시 한번 시간의 축을 건넜다.

---

1 피사의 사탑: 이탈리아 중부 토스카나 지방의 도시 피사의 두오모 광장에 있는 로마네스크 양식의 흰 대리석 탑이다. 본래 두오모라고 하는 피사 대성당에 부속된 종탑이지만 대성당보다 훨씬 유명하다. 이는 세계 7대 불가사의라고 하는 기울어져 있는 탑의 모습 때문인데 건설 당시부터 기울어져 있었으며, 현재에도 탑의 높이는 북쪽 55.2미터, 남쪽 54.5미터로 남쪽으로 5.5도 기울어져 있다. 대성당과 종탑의 건설은 당시 해운 왕국으로 번영하던 피사가 사라센 제국과의 전쟁에서 승리한 것을 기념한 것이다.

이제 피보나치는 어엿한 수학자가 되어 있었다.

피보나치는 오랜 여행 끝에 수數에 관한 책을 쓰기 위해 다시 피사로 돌아왔다. 그 유명한 책의 이름은 『산반서』라는 책이다. 그 책에는 다음과 같은 유명한 토끼 쌍 문제가 있다.

한 쌍의 토끼가 1월 초에 태어났다고 하자. 이 토끼는 출생 두 달 후부터, 즉 3월 초부터 매달 한 번씩 한 쌍의 새끼를 낳는다고 한다. 이때 태어난 토끼들도 마찬가지로 출생 두 달 후부터 매달 한 쌍의 토끼를 낳고 어떠한 토끼도 죽지 않는다고 가정할 때, 12월 초의 토끼 쌍의 수를 구하여라.

고글이 물었다.

"문섭아, 이 문제 봤지? 풀 수 있겠니?"

"보긴 뭘 봐. 전혀 본 적도 없는데 풀겠어?"

"그래, 그럼 피보나치의 설명을 들어보자. 선생님, 설명 좀……."

그러자 피보나치가 토끼 그림을 그리기 시작했다.

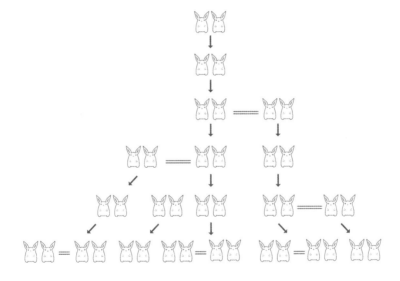

문섭이가 투덜거렸다.

"뭐야, 풀이 해달라고 했더니 토끼 그림만 잔뜩 그리고. 정말 수학자들은 싫다, 싫어."

문섭이의 말에 아랑곳하지 않고 피보나치가 이번에는 도표를 그렸다.

월	토끼 쌍의 번식 과정	토끼 쌍의 수
1월 초	A	1
2월 초	A	1
3월 초	A→B	2
4월 초	A→C, B	3
5월 초	A→D, B→E, C	5
6월 초	A→F, B→G, C→H, D, E	8
7월 초	A→I, B→J, C→K, D→L, E→M, F, G, H	13
…	………	…

문섭이는 도표의 내용을 파악하지 못했지만 오른쪽 끝의 수를
보며 말했다.

"앗, 저 수 배열은 내가 학교에서 당한 그 수 배열이닷! 1, 1, 2, 3,
5, 8, 13!"

"그래, 저게 바로 피보나치 수열이야. 1과 1을 더해서 2, 1과 2를
더하면 3, 2와 3을 더하면 5. 이렇게 이웃한 수들 더해서 그다음 수
를 나오게 하는 특징을 가진 피보나치 수열이라는 거야!"

문섭이는 이웃한 수를 더해보니 그다음 수가 나오는 것을 확인
하고 신기해했지만 이내 학교에서 겪었던 수모가 생각나 투덜거
렸다.

"이런 게 무슨 소용이람. 이런 특징이 세상에 어디 있어?"

피보나치가 말했다.

"피보나치 수열은 세상 구석구석에 존재한단다. 특히 자연계에 잔뜩 있지."

문섭이는 못 믿겠다는 표정이다.

"문섭아, 너 파인애플 좋아하니?"

피보나치가 문섭이에게 물었다. 문섭이는 엄지를 들어올렸다.

그러자 피보나치는 파인애플을 하나 들고 와서 파인애플에서 다이아몬드 모양의 조각이 이루는 왼쪽 경사진 것을 세어보라고 했다.

"8개."

"그럼 이번에는 오른쪽 경사진 것은?"

"13개."

"8과 13에서 뭔가 느껴지는 것이 없니?"

파인애플의 경우 한 방향으로는 8줄이, 대각선 방향으로는 13줄이 감싸고 있다.

"피보나치 수? 우연의 일치일 수 있잖아요."

"우연? 좋아. 이 솔방울을 잘 봐."

이번에도 문섭이가 솔방울을 뚫어져라 본다.

문섭이는 적잖이 놀라는 표정이다.

솔방울의 나선 개수가 1, 2, 3, 5, 8이기 때문이다.

고글이 나서서 말했다.

"문섭아, 해바라기 씨의 배열도 그렇고 아티초크의 꽃잎에서도 피보나치 수열이 숨겨져 있어. 사람들은 피보나치 수열을 자연의 비밀을 간직한 수라고 믿어."

문섭이는 이제 좀 믿음을 갖는 표정이었다. 피보나치는 문섭이에게 좀 더 믿음을 심어주고 싶었다. 그게 바로 학자의 마음일 것이다.

아주 오랜 옛날부터 사람이 사물을 볼 때 가장 아름답다고 느끼는 사물의 비율이 있다. 그것을 수학자들은 '황금비'라고 부른다.

파리에는 개선문이 있고 그리스에는 파르테논 신전이 있다. 이집트의 피라미드, 석굴암의 불상, 밀로의 비너스상 등 모두 아름답기로 소문난 조각과 건축물들이다. 그 아름다움은 바로 균형미가 조화를 이루는 데서 나온다. 이것은 인간이 보기에 가장 아름다운 비율이라 하여 이집트에서는 이 비율을 '성스러운 비율'이라고 불렀다. 이 황금 비율을 균형과 조화의 아름다움을 나타내는 것으로 여겨, 고대로부터 '신성 비례'로 여기며 중요시했다. 현대에서도 건축, 회화, 조각 등 예술 분야에서 황금 비율은 널리 활용되곤 한다.

황금 비율에 해당하는 수는 약 5 : 8이며, 비율로는 약 1 : 1,618. 직사각형은 두 변의 비가 황금분할을 이룰 때 가장 아름답다. 그래서 오랜 옛날부터 건축가들이나 화가, 조각가들은 방이나 신전, 제단, 창문, 그 외 사각형 물건에 황금 비율을 즐겨 사용했다.

$$\frac{1}{1}(=1), \frac{2}{1}(=2), \frac{3}{2}(=1.5), \frac{5}{3}(\fallingdotseq 1.667), \frac{8}{5}(=1.6),$$

$$\frac{13}{8}(\fallingdotseq 1.625), \frac{21}{13}(\fallingdotseq 1.615), \frac{34}{21}(\fallingdotseq 1.619),$$

$$\frac{55}{34}(\fallingdotseq 1.618), \frac{89}{55}(\fallingdotseq 1.618), \cdots\cdots.$$

문섭이는 피보나치의 긴 설명을 듣는 중에 잠이 들었다. 수학시간에 졸음이 오는 것은 어쩌면 당연한 일인지도. 고글은 자고 있는 문섭이를 업고 시간의 축을 지나왔다.

그때, 잠에서 깬 문섭이가 말했다.

"피보나치 파인애플 먹고 싶다!"

본명은 레오나르도 피사노이다. 피보나치는 그의 별명이었는데 우리에게 피보나치로 더 익숙한 이유는 뒤에 나올 '피보나치 수열' 때문이다.

피보나치의 아버지는 무역통상 대표이자 세관원이었다. 그 덕분에 피보나치는 어려서부터 수판에 의한 계산법을 배우고 인도기수법을 익히는 등 최신의 이슬람 수학을 배울 수 있었다. 피보나치는 여행하는 곳마다 아랍의 상인들이 인도-아라비아 숫자를 사용해 10진법의 위치기수법[2]으로 계산하는 것을 지켜보며, 주판을 사용한 계산 결과가 로마 숫자로 기록하는 방식보다 우월하다는 것을 알게 되었다.

피보나치는 이슬람 세계에서 배운 수학 내용을 책으로 써서 유럽에 퍼뜨렸다. 『산반서』라는 이 책은 주로 상업과 수학에 대한 내용을 다룬다.

당시 사회는 국제무역이 성행했고 무게와 길이를 측정하는 다양한 체계에 대한 지식이 그 어느 때보다 필요했다. 또 서로 다른 화폐를 교환하려면 수학적 지식이 필수였던 시대였다.

---

2 위치기수법: 자릿수와 관계없이 같은 기호를 사용하는 기수법이다.

이 밖에도 기하학에 관한 책도 썼는데 그 책에서는 구, 원을 포함해 다양한 도형의 넓이나 부피의 측정에 관한 내용을 다루고 있다. 여러분이 기겁하는 삼각함수의 기초 역시 그 책에 수록되어 있다.

피보나치의 수학적 업적을 좀 더 살펴보자.

우선, 제곱수는 몇 개의 홀수의 합으로 나타낼 수 있음을 발견한 공식인 $n^2+(2n+1)=(n+1)^2$. 여기에 1부터 차례로 수를 대입해가면 다음과 같은 규칙성을 보인다.

$1^2=1$

$2^2=4=1+3$

$3^2=9=2^2+5=1+3+5$

$4^2=16=3^2+7=1+3+5+7$

$5^2=25=4^2+9=1+3+5+7+9$

수학이 아름답다는 말은 이런 모습을 보고 하는 말이 아닐까.

2006년에 상영된 영화 <다빈치 코드>에서 은행의 안전금고의 암호를 풀기 위해 10자리 수를 찾는 과정에서 주인공이 피보나치 수열을 이용하여 풀어내는 장면이 인상적이다.

2006년에 상영된 영화 <다빈치 코드>의 포스터

그렇다면 수열이 일상생활에서 어떻게 활용되는지 알아보자.

컴퓨터가 발달하면서 조그마한 장치에 더 많은 정보를 담게 된다. 반도체 집적도가 24개월마다 2배로 늘어난다고 예측하는 것을 무어의 법칙이라고 한다. 이렇게 수가 늘어나는 것을 수열이라고 부른다. 또한 의학계에서도 약물이 인체에 투여되고 혈중에 남아 있는 약물의 양은 시간이 지남에 따라 일정한 비율로 감소하는 현상을 연구할 때 등비수열[3]이란 수학이 이용된다. 그뿐만 아니라 태양과 지구 사이의 거리를 연구할 때 행성 간의 거리를 구하기 위해 계차수열[4]이라는 수학을 이용한다.

---

3 등비수열: 첫 번째 항에 차례로 일정한 값을 곱하여 만들어진 수열을 말하며, 예를 들어 1, 2, 4, 8, 16, 32…… 등이 있다.
4 계차수열: 수열에서 항과 그 바로 앞의 항의 차를 계차(階差)라고 하며, 이 계차들로 이루어진 수열을 그 수열의 계차수열이라고 한다.

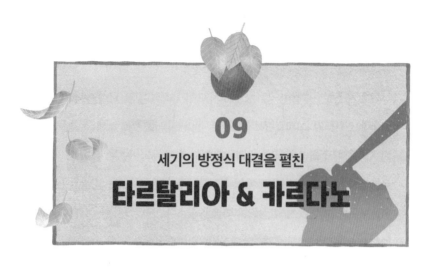

09

세기의 방정식 대결을 펼친

타르탈리아 & 카르다노

문섭이가 컴퓨터 앞에서 게임을 하고 있었다. 상대방과 치열한 격전을 벌이고 있는데, 그때 고글이 나타났다.

"뭐 해?"

"보고도 몰라? 게임하잖아."

"무슨 게임이냐고?"

"철권!"

"수학 공부는 더 안 해?"

"뭔 소리야. 여태 수학 공부하다가 머리 식힐 겸 이제 막 하는 건데."

"수학과 게임을 했다면서 또 게임한다고?"

"뭔 말 같지도 않은 소리. 수학이 어떻게 결투를 하는 게임과 비교가 되냐?"

"음, 수학 대결을 모른다고? 좋아."

문섭이가 또 고글에게 손을 잡혔다. 하지만 이제 시간 여행이 별로 두렵지 않다. 모든 일은 익숙해지면 두렵지 않은 법이니까!

딱딱한 흙바닥에 흙바람이 일고, 주위는 쥐 죽은 듯이 고요하다. 두 남자가 대결하기 전에 마치 곧 총이라도 뽑을 듯이 서 있다.

드디어 시작이다.

"$3x-5=-2$."

상대편 사내가 먼저 1차 방정식으로 시동을 걸었다.

군중 속에 있던 한 사람이 놀라운 목소리로 말했다.

"우아, 우변에 음수를 배치시켰어."

맞은편 1차 방정식의 질문을 받은 자가 말했다.

"-5를 -2 쪽으로 넘겨."

말을 더듬는 이자의 이름은 타르탈리아이다.

"그러면 $3x=-2+5$로 $3x$는 3이 되거덩. 따라서 $x=1$."

x가 1이라고 하는 말에 심판 수학자가 파란 기를 들어올린다. 파란 기는 정답이라는 뜻이다.

파란 기가 들린 것을 보고 군중은 환호했다.

"역시 방정식의 일인자는 타르탈리아다."

이번에는 타르탈리아의 공격이다.

$$“\frac{1}{3}(x-4)=\frac{1}{5}x.”$$

분수가 나오면 학생들이 긴장하듯이 타르탈리아 맞은편 방정식 풀이 선수 역시 바짝 긴장한다. 뺨에 땀 한 방울이 흐른다.

시간이 제법 흘렀다.

심판관이 카운트한다.

"하나, 둘, 셋, 셋 반, 넷, 넷 반, 다섯. 아웃!"

상대편이 대답을 하지 못했다.

타르탈리아의 승리다. 관중은 또 환호한다. 여기저기서 방정식의 챔피언은 타르탈리아라며 칭찬과 박수를 아끼지 않는다.

한판의 수학 방정식 대결이었다. 실제로 이런 수학 방정식 대결이 그 당시에는 종종 일어났다. 지금의 게임과 마찬가지로.

TIP_ 1차 방정식

- 이항 : 등식의 한 변에 있는 항을 부호를 바꾸어 다른 변으로 옮기는 것을 이 항이라고 한다.
- 1차 방정식 : 방정식의 우변의 모든 항을 좌변으로 이항하여 정리했을 때, (x에 관한 방정식)=0, 즉 $ax+b=0$ (단, $a≠0$)의 꼴로 변형되는 방정식을 x에 대한 1차 방정식이라 한다.

고글은 타르탈리아에 대해 더 알고 싶어서 그에게 말했다.

"선생님, 우리를 제자로 받아주세요."

타르탈리아는 고글과 문섭이를 노려보았다. 특히 문섭이 얼굴이 마음에 안 드는지 매섭게 노려본다.

"아, 아, 안 돼. 내 내 기술 훔쳐가려고? 한 번 속지, 두 번 속지는 아, 않는다."

아차, 하면서 고글이 타르탈리아의 이야기 중 깜빡했던 한 기억을 되살렸다.

타르탈리아는 자신의 수학 이론을 카르다노에게 빼앗긴 적이 있었다. 카르다노가 아무에게도 알리지 않겠다며 타르탈리아를 꼬신 후, 방정식 해법을 알아내 자신의 책에 수록해버린 사건이었다.

그 사건을 알고 있는 고글이 타르탈리아에게 말했다.

"저희들도 카르다노를 싫어해요. 이 아이의 얼굴을 보세요. 원래는 이렇게 생기지 않았지만, 카르다노의 시술을 받고 이렇게 변한 거예요."

문섭이가 엥- 하는 표정으로 항변했다.

"나? 내 얼굴이 시술 부작용이라고? 내 얼굴이?"

고글이 문섭이에게 눈치를 줬다.

타르탈리아가 문섭이의 얼굴을 들여다보았다.

"음, 말이 아니군. 하지만 희망을 가정. 그래, 그래. 얘 얼굴 보니 짐작이 된다. 제자로 받아주징."

당시 카르다노는 유명한 의사이자 수학자였다.

"하지만 마, 많은 시간을 지, 지도해줄 수는 없어."

뭔가 눈치를 챈 고글이 말했다.

"혹시 카르다노에게 수학 대결을 신청하셨어요?"

"그, 그, 그래."

고글은 체념의 한숨을 쉬었다. 과거의 역사는 바꿀 수 없는 일이다.

고글은 문섭이에게 우리는 어쩔 수 없으니 조용히 타르탈리아의 훈련 과정을 지켜보자고 했다.

다음 날 아침, 어디선가 이상한 소리가 들려왔다. 문섭이와 고글이 문제의 소리를 찾아 달려 나갔다.

"으, 으라, 라 차차차차!"

타르탈리아가 이항의 돌을 도랑 너머로 던지며 내는 소리였다.

"방, 방정식을 잘하려면 이항을 빨리 할 수 있어야 해."

옆에 있던 고글이 문섭이에게 추가 설명을 해주었다.

"이항하면 부호가 바뀌는 것 알지? +는 −로, −는 +로. 이항은 반
드시 등호를 넘어가야 해. 그냥 자리를 바꾸는 경우랑은 달라."

"역시 내, 내 제자다. 얼굴 안 되는 문섭이, 너는 할 말 없냐?"

제 얼굴 얘기에 순간 문섭이는 화가 났다. 하지만 별 도리가 있
으랴. 타르탈리아는 전쟁 용사 출신이다. 그는 전쟁 중에 혀를 잘
려 말더듬이가 됐다고 한다. 타르탈리아라는 이름도 말더듬이라
는 뜻이다.

타르탈리아는 방정식을 빠르게 푸는 기술에는 등식의 성질을
잘 익혀야 한다며 문섭이 일행을 또 다른 훈련 장소로 데려갔다.

여러 개의 물동이가 놓여 있고 타르탈리아는 기다란 작대기를
어깨에 걸러 멨다. 물동이를 지려는 것 같다.

"등식의 성질을 보여준다더니 대체 뭐하시는 걸까?"

1. 등식의 양변에 같은 수를 더해도 등식은 성립한다.

   $a=b$이면 $a+c=b+c$

2. 등식의 양변에 같은 수를 빼도 등식은 성립한다.

   $a=b$이면 $a-c=b-c$

3. 등식의 양변에 같은 수를 곱해도 등식은 성립한다.

   $a=b$이면 $ac=bc$

4. 등식의 양변을 0이 아닌 같은 수로 나누어도 등식은 성립한다.

   $a=b$이면 $\dfrac{a}{c}=\dfrac{b}{c}$ (단, $c \neq 0$)

"으이그, 이건 무슨 냄새야?"

문섭이가 코를 잡으며 소리쳤다.

"하하하, 수학을 잘하려면 지독한 상황에서 실력을 길러야 하는 거야."

신이 났는지 타르탈리아는 말도 안 더듬었다.

타르탈리아가 물동이를 양쪽에 매달고 큰 통의 오물을 가리키며 말했다.

"두 제자는 나의 양동이에 오물을 한 바가지씩 양쪽에 똑같이 부어라."

문섭이 얼굴이 하얗게 질렸다. 이런, 냄새를 어쩌나. 하지만 스승이 시키신 일이니 어쩌랴.

문섭이와 고글은 양쪽 옆에서 똑같이 한 바가지씩 부었다.

"그래, 이렇게 하면 등신, 아니 등식의 성질. 첫 번째 양변에 똑같은 수를 더해도 그 식은 성립한다."

타르탈리아가 오물이 든 양동이를 들어 올렸다.

"나의 등이 기울어짐이 없이 바르지. 그래서 이 식은 등식이 성립하는 거야. 만약 한쪽에 두 바가지, 다른 한 쪽에는 한 바가지를 넣으면 이 식은 등식이 성립하지 않게 돼."

문섭이는 고약한 냄새에 어질어질했다.

"이제 내 양옆에서 오물을 한 국자씩 빼 보거라. 고글과 문섭이가 똑같은 크기의 국자를 써야 한다. 어서, 망설이지 마라. 나의 제자여."

문섭이는 이런 제자 노릇은 진짜 하기 싫다고 생각했다. 양쪽에서 한 국자씩의 오물을 양동이에서 빼내자, 타르탈리아가 말했다.

"이렇게 양변에 똑같은 수의 오물을 빼도 나의 어깨가 나란한 것 보이지. 그래서 등식은 성립하는 거야."

그때 카르다노가 나타났다.

"이런 천한 것들. 신성한 수학 공부를 똥 같은 방식으로 하다니."

"뭐요? 그러는 당신은 사, 사, 사기꾼이요?"

"사기꾼? 웃기는 놈이군. 너는 나와의 재판에서 졌잖아."

그랬다. 타르탈리아는 자신의 해법을 도둑맞고 카르다노에게 재판을 걸었지만 신분의 차이로 재판에서 패하고 말았다.

"억울, 억울해. 내가 말을 더듬, 더듬어서 그런 거요."

"끝난 이야기야. 오늘 수학 대결은 받아줄 수 있어."

"좋소. 그렇게 하, 합시다."

고글이 나섰다.

"안 돼요, 스승님. 스승님은 이 수학 방정식 대결에서 이길 수 없어요. 그만두세요."

"나, 나는 전쟁 용사 출, 출신이다. 결코 대결을 피하지 않을 것이다."

고글이 한숨을 푹 내쉬었다.

'그자만 등장하지 않았으면…….'

그때 페라리[1]가 등장했다. 페라리는 카르다노의 제자로 수학의 천재다.

"문섭아, 우린 이제 돌아가야 할 것 같아."

"왜, 스승님의 대결을 보지 않고."

"이번 대결은 스승님이 진다. 페라리는 근의 공식을 발견한 수학의 천재거든."

---

1 루도비코 페라리(1522~1565): 최초로 4차 방정식의 일반해를 구한 이탈리아 수학자.

"혹시 이번 패배로 스승님이……."

"역사는 바꿀 수 없으니까."

근의 공식을 이용한 2차 방정식의 풀이

2차 방정식 $ax^2+bx+c=0(a\neq0)$에서 근의 공식을 이용하여 해를 구한다.

$$\Rightarrow x=\frac{-b\pm\sqrt{b^2-4ac}}{2a} \text{ (단, } b^2-4ac\geq0)$$

예 2차 방정식 $x^2+3x-2=0$에서 $x=\dfrac{-3\pm\sqrt{3^2-4\times1\times(-2)}}{2\times1}=\dfrac{-3\pm\sqrt{17}}{2}$

니콜로 타르탈리아 Niccolo Tartaglia, 1499~1557

1499년 이탈리아 알프스 산맥의 남쪽 브레시아에서 태어났다. 원래 이름은 니콜로 폰타냐이다. 어린 시절 전쟁터에서 프랑스 병사에게 혀를 잘린 이후 타르탈리아 (이탈리아어로 '말 더듬거리는 소리'라는 뜻) 라는 별명이 붙었는데, 그것이 이름처럼 굳어졌다.

타르탈리아는 집안 사정이 어려워 학교를 다닐 수 없었다. 하지만 머리가 영특했던 타르탈리아는 홀로 공부해 다른 사람들보다 훨씬 많은 지식을 쌓을 수 있었다. 특히 수학에 뛰어난 재능을 보였던 그는 스무 살의 이른 나이에 수학 교사가 되었다. 당시에는 수학 실력을 겨루는 대회가 종종 열렸다. 타르탈리아는 이 대회에서 우승을 거듭하면서 이름을 널리 알리게 된다.

1535년, 그는 3차 방정식 $x^3+px^2=0$을 푸는 해법을 찾아낸다. 타르탈리아는 이 해법을 공표하지 않는다는 조건으로 카르다노에게 가르쳐 주었는데, 카르다노는 이 약속을 저버리고 1545년 『위대한 술법』을 출간해 타르탈리아의 공을 가로챈다.

2차 방정식의 근의 공식

$$ax^2+bx+c=0 \quad x=\frac{-b\pm\sqrt{b^2-4ac}}{2a}$$

타르탈리아의 근의 공식

$$x=\sqrt[3]{-\frac{q}{2}+\sqrt{(\frac{q}{2})^2+(\frac{p}{3})^3}}+\sqrt[3]{-\frac{q}{2}-\sqrt{(\frac{q}{2})^2+(\frac{p}{3})^3}}$$

카르다노는 이탈리아의 유명 귀족 집안에서 사생아로 태어났다. 카르다노의 아버지는 밀라노의 인기 변호사였으며 유클리드를 연구하는 수학 전문가이기도 했다. 게다가 레오나르도 다빈치의 도형 문제도 해결할 정도로 수학 지식이 뛰어났다. 이런 아버지에게 수학을 배웠으니 카르다노 역시 수학의 대가가 되는 것은 너무도 당연한 일이었다. 게다가 카르다노는 수학뿐만 아니라 법학, 철학, 의학에도 일가견이 있었다.

당시 사회에서는 출신 성분을 엄격하게 따졌는데, 카르다노는 의사가 되기 위해 대학을 우수한 성적으로 졸업했음에도 불구하고 사생아라는 이유만으로 밀라노 의사회 가입이 허용되지 않았으며 병원을 개업할 수 없는 등 여러 어려움을 겪었다.

이러한 어려움이 계속되자 카르다노는 카드 게임, 체스 등 도박에 빠져들었다. 하지만 수학 실력이 뛰어났던 그는 게임에서 나올 수 있는 경우의 수를 확률적으로 계산했고, 실제 도박장에서 자신의 연구 결과로 돈을 걸기도 했다. 도박에서 이기는 방법에 대한 책인 『도박에 관한 책』을 저술하기도 했다.

카르다노는 수학 이외에도 의학, 연금술 등 폭넓은 연구를 했다. 그래서 그가 집필한 책은 수학, 물리학, 철학, 의학, 종교학, 음향학 등 분야도 다양하고 권수도 무려 200여 권에 달했다. 재능이 뛰어난 수학자임은 분명하다.

반면에 그에 대한 인간적인 평가는 좋지 않았다. 대표적인 일화로 수학자 타르탈리아가 먼저 알아냈던 3차 방정식의 풀이법을 낚아채어 자신의 것인 양 공표한 일이 있다.

10

로그를 세상에 알린

네이피어

"이따위 수학은 뭐에 쓰려고 배우는 거야. 누구야? 이런 걸 만든 수학자가?"

문섭이가 머리를 감싸쥔 채 한숨을 내쉰다.

(2) $\log_a MN = \log_a M + \log_a N$

(3) $\log_a \dfrac{M}{N} = \log_a M - \log_a N$

(4) $\log_a M^p = p \log_a M$ (단, p는 실수)

3. 밑변환 공식

$a > 0,\ b > 0,\ c > 0,\ a \neq 1,\ b \neq 1,\ c \neq 1$일 때

(1) $\log_a b = \dfrac{\log_c b}{\log_c a}$

(2) $\log_a b = \dfrac{1}{\log_b a}$

• $\log_a b$가 정의되기 위한 조건

$\underset{\substack{\uparrow \\ \text{밑 조건}}}{a > 0,\ a \neq 1,}\ \underset{\substack{\uparrow \\ \text{진수 조건}}}{b > 0}$

• 로그의 잘못된 계산

(1) $\log_a (x+y)$

$\neq \log_a x + \log_a y$

(2) $\log_a (x-y)$

$\neq \log_a x - \log_a y$

(3) $\dfrac{\log_a x}{\log_a y} \neq \log_a x - \log_a y$

(4) $(\log_a x)^n \neq n \log_a x$

(5) $\log_a \dfrac{x}{y} \neq \dfrac{\log_a x}{\log_a y}$

• 밑변환 공식의 활용

(1) $\log_a b \cdot \log_b a = 1$

(2) $\log_a b^n = \dfrac{n}{m} \log_a b \,(m \neq 0)$

(3) $a^{\log b} = b$

(4) $a^{\log b} = b^{\log a}$

고글이 문섭이의 손을 잡았다.

"길게 말할 것 없어. 시간 속으로!"

여러 명의 사람이 줄 지어 서 있는데, 문섭이와 고글도 그 틈에 끼여 있다.

문섭이가 말했다.

"우리가 여기에 왜 서 있는 거야?"

"나도 모르지. 너랑 나, 같이 왔잖아."

귀족처럼 보이는 사람이 등장하여 문섭이를 쳐다보며 말했다.

"애, 넌 신입이냐? 못 보던 하인인데."

'뭐? 나보고 하인이라고?'

무슨 영문인지도 모른 채 문섭이가 서 있다. 그러나 고글은 알고 있다. 지금 말하고 있는 귀족이 바로 로그의 창시자 네이피어라는 것을…….

'아, 그 이야기 장면으로 우리가 날아온 것이구나.'

네이피어는 그동안 자신의 집 닭장에서 닭이 한 마리씩 없어진 사건의 범인을 잡기 위해 하인들을 모두 불러 모았던 것이다.

네이피어는 근엄하게 말했다.

"이 집 누군가가 도둑질을 한다. 지금 저 안에는 내가 도둑을 알아낼 수 있는 신비한 수탉을 집어넣어 두었다."

문섭이가 이 무슨 미신 같은 소리냐면서 콧방귀를 꼈다.

"저기 이상하게 생긴 하인! 내 말을 못 믿겠다는 표정인데."

"아, 아닙니다."

문섭이가 머뭇거렸다.

"지금부터 한 명씩 이 깜깜한 닭장으로 들어가서 수탉의 등을 두드리고 나오너라. 내가 아주 과학적으로 범인을 잡아낼 테니."

모든 하인들이 어리둥절한 얼굴로 서 있다.

"어이, 거기 명청하게 생긴 하인! 너부터 들어가 봐!"

하인들이 일제히 문섭이를 쳐다보았다.

"나? 나보고 한 말씀이세요?"

"그래, 너. 거울도 안 보나?"

"네, 알겠습니다. 먼저 들어갈게요. 쩝."

문섭이를 시작으로 고글, 그리고 모든 하인들이 닭장에 들어갔다 나왔다.

네이피어가 모든 하인들의 손을 위로 번쩍 쳐들게 했다.

"네가 범인이구나."

네이피어는 문섭이 바로 옆에 서 있던 하인을 범인으로 지목했다.

"억울합니다. 저는 결백하다고요. 저까짓 닭이 뭘 안다고 절 의심하십니까?"

"그래? 그런데 왜 네놈의 손만 깨끗하냐?"

문섭이가 주변을 둘러보니 자신과 고글 그리고 나머지 하인들의 손은 새까맸다.

네이피어가 범인을 보고 말했다.

"멍청한 놈, 도둑이 제 손 저린다고. 내가 저 안에 있는 수탉의 등에 검정 칠을 해두었다. 범인인 너는 수탉이 두려워 등을 만지지 않았기 때문에 손이 깨끗한 것이다. 주변의 하인들의 손을 보아라. 모두 검정 물이 들지 않았느냐. 수탉을 겁먹고 만지지 않은 네가 범인이다."

평소 네이피어가 탁월한 능력과 다양한 발명품으로 이름이 널리 알려져 있었기 때문에 해결할 수 있었던 유명한 사건이었다. 물론 이 사건에 대해 고글은 알고 있었다. 검색하면 다 나오는 네이피어 일화이기 때문이다.

문섭이가 고글에게 물었다.

"저 사람이 로그를 만든 수학자라고?"

"그래. 저분이 바로 수학자 네이피어야. 앗, 문, 문섭아, 뭐 하는 거니?"

고글의 말이 끝나기도 전에 문섭이가 네이피어에게 달려들었기 때문이었다.

"당신이 로그라는 어려운 수학을 만들었나요? 왜 그런 쓸데없는 짓을 하여 우리를 괴롭히는 거죠?"

영문을 모르는 네이피어가 소리쳤다.

"얘, 하인 아니냐. 무슨 뚱딴지같은 소리를 하는 거야. 내가 누굴 괴롭혔다는 거야?"

"시치미 떼지 마요. 고등학교 수학 교과서에 로그가 나온다고요. 얼마나 어려운데요."

"고등학교 수학, 그건 또 무슨 소리야? 로그를 만든 것은 맞지만 수학 교과서에 뭐가 나와? 얘 좀 이상해. 누가 좀 말려봐."

고글이 문섭이를 말렸다.

"문섭아, 좀 참아. 저분이 로그를 만들었지만 교과서에 실은 사람은 아니라고. 그건 후대의 학자들이 저분의 수학 이론을 교과서에 실었을 뿐이라고. 네이피어 님의 잘못이 아니란 말이야."

문섭이가 그래도 분을 참지 못하고 한마디 했다.

"하여튼 저 사람이 쓸데없이 로그라는 것을 만들었잖아."

이 말에 네이피어도 발끈했다.

"뭐시라, 내가 만든 로그가 쓸데없어? 저런 무식한 놈을 봤나?"

이에 문섭이도 대들었다.

"그래요. 나 무식해요. 하지만 로그는 쓸데없다고요."

고글이 문섭이를 말리자 네이피어가 말했다.

"그래, 좋다. 내가 왜 로그를 만들었는지 보여주지. 날 따라오너라. 얼굴이 음수 같은 녀석아."

하늘에 무수히 많은 별이 떠 있다. 천문학자들이 하늘의 별을 망원경으로 보면서 뭔가를 연구하면서 적고 있다.

문섭이와 고글과 네이피어가 천문학자 뒤에 서서 그들이 하는 양을 지켜보았다.

천문학자들이 서로 말했다.

"저 명왕성까지 거리가 390000000000000킬로미터이니까 왼쪽 별까지의 거리가 45000000000킬로미터 맞지?"

"당신 계산 좀 똑바로 하시오. 뒤에 동그라미 두 개가 빠졌단 말이오."

"아, 미안, 미안. 정말 미치겠네. 정신 차리고 세었지만 너무 먼 거리를 계산하느라……."

천문학자 두 명은 계산하느라 코피까지 터져가며 힘들어했다.

네이피어가 말했다.

"나는 이런 천문학자들을 불쌍하게 여겼지."

"그래서요?"

"이들의 수고를 덜어주려고 로그라는 것을 만들었단다."

"로그요?"

네이피어는 문섭이를 위해 자세하게 설명해주었다.

일상적인 표현에서 큰 수를 '천문학적인 수'라고 하는 것처럼 천문학에서는 아주 큰 수를 다룬다. 17세기에는 천문학의 발달로 큰 수를 다루면서 복잡한 계산을 할 필요성이 높아졌는데, 계산을 편리하게 하기 위한 도구로 로그를 도입했다.

예를 들어 $100 \times 1000 = 100000$, 즉 $10^2 \times 10^3 = 10^5$에서 지수(10을 몇 번 곱했는지를 나타내는 값)만 생각하면 2+3=5가 된다. 다음과 같이 로그로 표현하면 원래 식에서의 곱셈을 덧셈으로 바꾸어 생각할 수 있다.

$$5 = \log_{10}100000 = \log_{10}(100 \times 1000) = \log_{10}100 + \log_{10}1000 = 2+3$$

TIP_ 곱셈 ⇒ 덧셈

계산기나 컴퓨터 같은 도구가 존재하지 않았던 시대에 로그는 곱셈을 덧셈으로, 나눗셈을 뺄셈으로 변환시키는 계산 도구로서의 역할을 수행했다. 수학자 라플라스[1]는 "로그의 발명으로 일거리가 줄어든 천문학자의 수명이 두 배로 연장되었다"라고 언급했는데, 이는 천문학 계산에서 로그의 가치를 드러낸 말이다. 현재 로그는 복잡한 계산을 간편화한다는 초기의 목적으로 사용하지는 않지만, 기하급수적으로 증가하는 것을 산술급수적으로 증가하도록 해주기 때문에 여전히 애용된다.

문섭이가 이제 알았다는 듯이 고개를 끄떡이며 말했다.

"아, 당시에는 정말 유용했구나."

네이피어가 웃으며 말했다.

"너의 친구 고글 역시 로그에서 비롯되었다고 볼 수 있지."

"고글이요?"

"google은 10^{100}을 의미하는 googol을 어원으로 하는데, 이는 구글 검색 엔진의 무한대성을 표현해. 네 친구 이름이 고글인 이유야."

"히히, 맞아. 원래는 구골로 하려고 했는데 할아버지가 졸다가 내 이름을 잘못 신고해서 고글이 된 거야."

---

1 피에르 시몽 라플라스(1749~1827): 프랑스의 수학자이자 천문학자.

고글이 문섭이에게 재촉했다.

"오해가 풀렸으면 어서 네이피어 선생님에게 사과드려."

"선생님, 죄송했어요."

"하하하, 괜찮다. 사과를 받아주는 조건으로 로그 문제를 하나 내지."

"헉, 선생님……."

네이피어 선생님은 종이에 무언가를 써넣었다.

$$2^x = 5$$

"2를 몇 번 제곱하면 5가 되겠니?"

"2를 두 번 곱하면 $2 \times 2 = 2^2 = ?$"

"문섭아, 그게 참일 것 같니?"

"몰라요."

고글이 옆에서 말했다.

"$2^2 = 2 \times 2 = 4$, 2의 제곱은 4니까. 5보다 1이 작은데."

"아 그럼, 2의 세제곱인가 보다."

고글이 다시 답했다.

"2^3은 $2 \times 2 \times 2 = 8$로써 5보다 3이 더 큰데."

얄밉게도 또박또박 대답하는 고글을 문섭이가 노려보았다. 문섭이의 얼굴색이 당근색이 돼버렸다.

네이피어가 호탕하게 웃으면서 말했다.

"이때 들어가는 기술이 바로 로그다. 로그를 이용해서 내가 풀어 줄 테니 잘 봐."

$$2^x = 5,$$
$$x = \log_2 5$$

이때, 고글이 문섭이의 손을 잡으며 네이피어 선생님의 가르침을 중단시켰다.

"네이피어 선생님, 잘 계세요. 문섭이가 고등학생이 되면 제대로 알게 될 거예요."

문섭이와 고글은 어리둥절해하는 네이피어를 놔두고 시간 속으로 되돌아갔다.

17세기 영국의 수학자로 영국 에든버러 근교 머쉬스톤 성에서 귀족 가문의 아들로 태어났다. 네이피어는 어릴 적 엄한 가정에서 자랐다. 당시는 청교도 운동이 한창이었다. 그는 신학과 철학을 공부하기 위해 세인트앤드루스 대학에 입학했다. 그후 프랑스에서 오랜 기간 공부했다. 점성술에도 뛰어난 재능이 있었던 그는 종종 점을 치기도 했는데, 사람들은 그런 그를 이상한 눈초리로 바라보았다. 하지만 네이피어는 사람들의 따가운 시선에 전혀 아랑곳하지 않았다. 오히려 당시에는 감히 상상할 수 없는 이상한 무기의 설계도와 그림을 그려놓은 책을 저술해서 사람들의 호기심을 자극했다. 그의 책에는 주변의 작은 생명체도 몽땅 몰살한다는 대포, 물속을 항해하는 기구, 모든 방향으로 총알이 발사되는 총이 장착된 전차 등이 그려져 있다. 실제로 제1차 세계대전에는 네이피어가 예견한 모든 무기들이 사용되었다. 그의 선견지명이 참으로 대단하다.

네이피어의 수학적 업적 중 가장 주목할 만한 것은 로그라는 계산법을 발견한 것이다. 임의의 양수 n에 대하여 $n=a^x$가 되는 x가 반드시 존재하는데, 이것을 $x=\log_a n$이라고 나타내고 이때 x는 a를 밑으로 하는 n의 로그라고 한다. 로그는 큰 수의 곱셈을 쉬운 덧셈표를 이용해 계산하는 방법이다.

네이피어는 큰 수를 계산해야 하는 천문학자들을 돕기 위한 목적에서 로그를 연구했다. 그 외에 수학 계산을 쉽게 하기 위해 소수표기법을 발견했고, 큰 수의 곱셈을 쉽게 하기 위해 '네이피어 막대', '네이피어의 뼈' 등 많은 도구를 발명했다. 1617년에는 『막대 계산』이라는 저서에 그 사용방법을 설명해놓았다.

로그의 활용에 대해 더 알아보자. 산성비라는 말을 들어본 적 있는가? "pH가 4에 가까운 강산성 비가 내렸다"라는 말을 들은 적이 있을 것이다. 이때 산성도를 나타내는 글자 pH는 7을 기준으로 값이 작아질수록 산성, 값이 커질수록 알칼리성이다. 중성인 물의 pH는 7. pH가 4이면 중성과의 차이는 겨우 3이지만 강산성이라 말한다. 왜냐면 산성도를 나타낼 때 10배씩 변화하기 때문이다. 상용로그의 밑이 바로 10진법으로 움직이는 이유이기도 하다. 이런 계산단위에는 바로 로그의 단위가 숨어 있다. 로그는 큰 수 계산을 작은 단위로 나타내서 계산하기 유리하게 만드는 특징이 있다.

산성도는 용액 속에 든 수소이온 농도에 의해 결정되는데, 상용로그 값은 $\log 1 = 0$, $\log 10 = 1$, $\log 100 = 2$, $\log 1000 = 3$ 이므로 pH 4인 산성비와 pH 7로 중성인 물의 수소이온 농도는 1000배나 차이가 나게 된다. pH는 0에서 14까지이므로 양 극단의 수소이온 농도 차이는 무려 100조 배. 만약 상용로그를 사용하지 않고 표현한다면 그 수가 너무 커서 계산하기 까다롭다. 큰 수를 간단하게 나타내는 데는 로그가 최고의 역할을 한다.

지진의 강도 표현 역시 강도 6.0도 상용로그를 이용해 계산하게 된다. 지진의 강도를 나타내는 말에 '리히터 규모'를 들어봤을 것이다. 미국의 지질학자 찰스 리히터[2]의 이름을 딴 용어다. 리히터 규모 역시 상용로그를 이용하면 지진파의 최대 진폭이 10배씩 커질 때마다 리히터 규모는 1씩 증가하므로 간단하게 표현할 수 있다.

소리의 세기를 나타내는 단위는 무엇일까? 데시벨이라는 단위다. 이것 역시 상용로그를 이용한다. 데시벨은 나타내고자 하는 소리의 세기를 역시 그 비로 계산하는데, 그곳에 상용로그가 들어가 있다. 소리의 세기가 10배, 100배, 1000배 커질 때 데시벨은 10, 20, 30으로 커지도록 설정한 것이 바로 상용로그가 이용한 것이다. 예를 들어 표준음을 0㏈이라고 할 때 일상적인 대화의 소리는 약 60㏈로, 표준음의 100만 배가 된다.

이처럼 로그는 사회 전반과 과학 구석구석에서 크게 활용되고 있다.

---

2 찰스 리히터(1900~1985): 미국의 지진, 지질학자로, 처음으로 매그니튜드의 정의를 내렸다.

11

해석 기하학의 창시자

데카르트

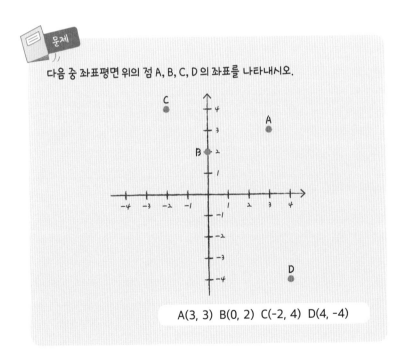

문제

다음 중 좌표평면 위의 점 A, B, C, D 의 좌표를 나타내시오.

A(3, 3) B(0, 2) C(-2, 4) D(4, -4)

"고글, 저기 벽에 거미줄이 쳐져 있다."

"문섭아, 그건 이곳 공기가 맑아서 그런 거야. 거미는 공기가 맑은 자연환경에서만 사는 동물로 분류되거든."

"그런데 저기 거미줄에 매달려 있는 것이 뭘까?"

"어디?"

"저기 있잖아. 검은 물체 돌돌 말린 것 말이야."

"아, (3, 3) 지역에 있는 것 말이지?"

"뭐, (3, 3)?"

"문섭아, 너 솔직히 말해. 1학년 때 배운 좌표 기억 안 나지?"

"아마도 그때 아팠던 것 같아. 진짜라고. 나 못 믿어?"

고글은 고개를 절레절레 저으며 문섭이의 손을 잡고 시간의 축을 건넜다.

쑤우웅 콰광!

"아, 고글아. 여기가 어디야?"

"아무래도 전쟁터인 것 같아."

"으악, 우리 여기 잘못 온 것 아냐?"

"내 시간 계기판을 보니 정확히 온 건 맞아."

쑤우웅, 쾅! 문섭이 근처에 포탄이 하나 떨어진다. 고글이 문섭이를 데리고 군인들이 파놓은 참호라는 굴 속으로 몸을 숨겼다. 피우웅 하면서 포탄이 포물선을 그리며 날아간다.

고글이 말했다.

"우아, 저 포탄 아름다운 2차 함수의 그래프를 그리며 날아가네."

TIP_ 2차 함수

함수 $y=f(x)$에서 y가 x에 관한 2차식

$y=ax^2+bx+c(a, b, c$는 상수, $a \neq 0)$로 나타날 때, 이 함수를 2차 함수라고 한다.

2차 함수의 그래프는 크게 아래와 같이 두 종류다.

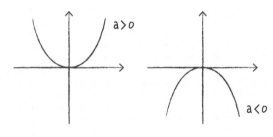

공이나 포탄 같은 것이 날아갈 때는 주로 a가 0보다 작은 그래프 모양으로 날아가다가 떨어진다.

"누구야, 보아하니 신병 같은데 이 고참 님이 생각에 잠긴 것이 안 보여?"

문섭이가 헉 놀란 듯 중얼거렸다.

"뭐야, 이 참호 속에 우리 말고 또 다른 사람이 있었단 말이야?"

고글과 문섭이가 뒤를 돌아봤다.

이번에는 고글이 놀란 표정을 지었다.

"헉, 저분은 그 유명한……."

"유명한, 뭐? 말을 마저 해."

군인이 짜증스러운 목소리로 말했다.

"조용히 좀 해. 생각하고 있다는 말 못 들었어?"

문섭이가 누워서 생각에 잠겨 있는 군인에게 말을 걸었다.

"무슨 말이세요? 포탄이 날아다니는 이런 상황에서 생각이 가능해요?"

"응, 나는 가능해."

고글도 고개를 끄덕이며 말했다.

"저분이라면 가능할 거야. 아마도."

문섭이는 늘 혼자만 뭔가 알고 있는 고글이 얄밉기만 했다.

"포탄만 날아다니면 뭐해. 표적을 하나도 맞히지 못하는데."

그랬다. 그의 말이 맞다. 그 당시 대포는 명중률이 엄청 떨어졌다.

군인이 벌떡 일어나며 말했다.

"저 포는 표적을 제대로 잡지 못해서 그런 거야."

"그래서요?"

문섭이가 물었다.

군인은 다시 벌렁 누우며 말했다.

"그래서라니, 그래서 내가 이렇게 누워서 생각에 잠길 수도 있는 것 아니니?"

고글은 군인의 얼굴을 존경의 눈으로 바라보았다.

그때, 파리 한 마리가 윙 하고 날아오더니 참호 위 벽에 떡하니 달라붙었다.

그 모습을 뚫어져라 쳐다보던 고참 병사가 말했다.

"바로 저거다."

고글도 말했다.

"드디어 좌표평면의 탄생 순간이다."

"좌표평면의 탄생 순간?"

문섭이의 물음에 고글이 대답했다.

"저분은 그 유명한 수학자 데카르트야."

"헉, 좌표평면으로 우리를 괴롭혔던 수학자 데카르트가 바로 저분이라고? 진짜?"

"진짜!"

"진짜로 못생겼다."

고글이 얼른 문섭이의 입을 막자, 데카르트가 말했다.

"너희가 나를 본 적이 있느냐?"

"본 적은 없지만 이런 건 알아요."

문섭이가 말하면서 좌표평면을 보여주었다.

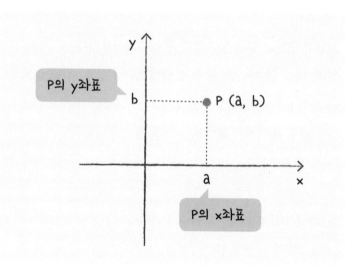

데카르트가 문섭이의 얼굴을 뚫어져라 쳐다봤다.

"음, 그것은 내가 방금 파리를 보면서 생각해낸 개념인데, 너도 나처럼 생각해낸 거니? 어떻게 동시에 같은 생각을……."

'당신이 만든 좌표평면이에요, 히히.'

문섭이는 데카르트의 말에 대수학자를 골려 먹고 싶은 생각이 들었다.

"데카르트 샘, 나랑 좌표평면 공부 좀 할까요?"

"오, 금방 만든 그 그림을 좌표평면이라고 부르면 재밌겠다."

데카르트는 문섭이의 의도를 전혀 모른 채 동조했다.

"샘, 점찍기 놀이입니다. 시작할까요?"

"오, 그거 재밌겠다. 방금 알게 된 것이지만 누구나 처음은 있으니까."

고글은 걱정 어린 눈으로 두 사람을 번갈아 쳐다봤다. 분명 문섭이가 음모를 꾸밀 테니까.

문섭이는 좌표평면을 마치 자기가 만든 것처럼 쓱쓱 그렸다.

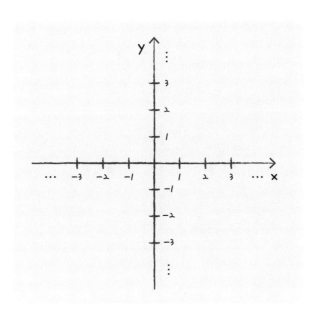

놀란 데카르트가 문섭이에게 말했다.

"우아, 너 이런 생각을 어떻게 해냈니? 너 수학 천재구나. 멋지다!"

고글은 좌표평면의 창시자인 데카르트 앞에서 좌표평면을 그리며 장난치는 문섭이를 지켜보기만 했다.

"샘, 여기 (2, 3)이 있어요. y축 대칭시킨 점의 좌표는요?"

"뭐, y축 대칭?"

"우이씨, 그것도 몰라요. y축 대칭은 x좌표만 반대로 하면 돼요."

문섭이는 '이때다!' 싶어 데카르트를 신나게 놀리며 학생들이 좌표평면 때문에 고생했던 것을 대신해서 데카르트에게 복수해주고 있었다.

한참 동안 좌표평면을 뚫어져라 보던 데카르트가 좌표를 쿡 찍었다.

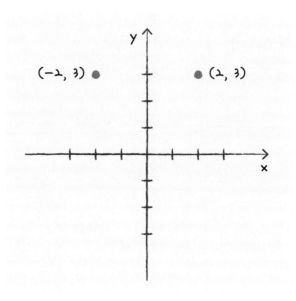

"그럼 이번에는 x축 대칭을 해보세요. 시간제한 있어요."

1초의 망설임도 없이 데카르트가 말했다.

"(2, -3)."

"헉."

바로 정답을 말하는 데카르트를 보고 문섭이는 깜짝 놀랐다. 역시 수학의 천재가 맞다.

고글이 웃으며 약을 올렸다.

"그래서 원조 창시자에게 까불면 안 돼."

이번에는 데카르트가 문섭이에게 물었다.

"문섭이라고 했지? (2, 3)의 원점 대칭 좌표를 말해봐."

"그러니까 원점 대칭은 원점을 지나서 저리로 아니면 이리로."

"허허, 문섭아, 시간제한 있다면서."

고글이 옆에서 히죽히죽 웃었다.

문섭이가 드디어 고개를 숙였다.

"선생님, 제가 잘못했어요."

"나는 생각한다. 고로 존재한다."

고글은 감탄했다.

"우아, 저 말은 역사에 남는 데카르트의 명언인데, 여기서 실제로 듣다니 영광이다."

나는 생각한다. 고로 존재한다.

-데카르트-

데카르트는 프랑스 대표 수학자이자 서양 근대 철학의 출발점이 된 철학자다. 아버지는 의원이어서 집안은 부유했지만 어머니는 일찍 돌아가셨다.

어릴 적 데카르트는 학교에 가는 것도 어려울 만큼 몸이 허약했다. 하지만 데카르트가 학교에 가기를 간절하게 원했기 때문에 데카르트의 아버지는 그를 예수회학교에 입학시킨다. 그곳에서 그는 논리학, 윤리학, 물리학, 형이상학, 유클리드 기하학 등을 공부했다. 몸이 약했던 데카르트를 위해 그곳 교장 선생님은 아침 일찍 하는 수업을 빼주었다. 그 덕분에 데카르트는 조용히 명상하는 시간을 가질 수 있었다.

학교를 졸업한 데카르트는 파리로 유학을 떠난다. 그리고 그곳에서 수학적 동지 메르센[1]을 만난다. 데카르트가 수학에 대해 무엇인가를 알아내기만 하면 메르센은 삽시간에 수학계 전체에 알려버렸다. 메르센은 데카르트의 적극적인 홍보맨이었다.

그 후 데카르트는 법률학 학사시험에 합격했지만 법학 공부는 계속

---

1 마랭 메르센(1588~1648): 프랑스의 물리학자이자 수학자. 여러 나라의 학자들과 널리 서신 왕래로 활발하게 학문적인 의견을 교환했는데 당시 그를 중개자로 학자 간의 의견 교류와 연구 결과에 대한 보고가 이루어졌다.

하지 않았다. 그 당시 귀족 자녀들은 대부분 군대나 교회에 들어가는 풍습이 있었다. 데카르트 역시 군대에 입대했다. 그는 군대에서 자신의 운명을 바꾸어 놓을 특별한 꿈을 꾸게 된다. 꿈 내용에 대해서는 자세히 알려진 바가 없으나, 그 후에 데카르트가 대수학과 기하학을 연결시켜 해석 기하학을 만든 것을 미루어 볼 때 그 꿈이 해석 기하학을 만드는 데 큰 역할을 한 것이 틀림없다.

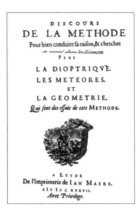

『방법서설』 표지

데카르트가 창안한 해석 기하학은 유클리드 기하학과는 전혀 다른 기하학이다. 그는 수학을 기하 또는 대수라는 각각의 영역으로 분리하지 않고, 통일적인 입장에서 관찰하고 연구하는 근대적인 수학의 길을 열었다. 해석 기하학에 대한 그의 업적은 『방법서설』에서 자세히 살펴볼 수 있다.

점점 유명해진 데카르트는 그 당시 매우 부유한 나라인 스웨덴 크리스티나 여왕의 가정교사가 되었다. 여왕은 새벽에 공부하는 것을 좋아해서 아침에 약한 데카르트에게 새벽 수업을 강요했다. 이 때문에 건강이 점차 악화된 데카르트는 1650년 폐렴으로 세상을 떠났다.

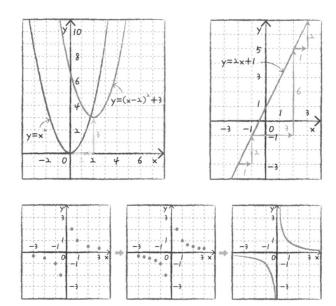

수학의 이러한 그림들은 모두 데카르트에 의해 탄생했다. 이러한 그림을 전문 용어로는 카르테지안 평면이라고 한다.

스마트폰의 터치스크린 원리는 데카르트의 좌표의 원리가 응용된 것이다. 마우스 포인터가 가리키는 스크린 상의 지점을 클릭을 통해 데이터를 입력하듯, 터치패널을 손가락으로 누르는 동작을 통해 위치 데이터를 입력한다. 터치패널에 부착된 센서의 종류에 따라 터치스크린은 저항막 방식, 정전용량 방식, 적외선 방식, 초음파 방식 등으로 구분할 수 있다.

가격이 저렴해 가장 많이 사용되는 저항막 방식은 터치스크린을 눌러 저항 값이 변했을 때 발생하는 전위차를 감지하여 위치를 확인한다. 즉 스크린 상에 보이지 않는 저항선을 통해 스크린 상의 좌표 값을 읽는 구조이며, 이때 한 번에 여러 개의 값을 동시에 읽을 수 있는 것이 멀티 터치스크린이다. 최근 스마트폰에 많이 사용되는 정전용량 방식은 저항 값이 아닌 스크린 표면의 정전기를 이용한다는 것만 다를 뿐 좌표 값을 읽어 위치를 확인하는 원리는 같다. 이렇게 좌표 값을 읽어 낼 때 가능하다. 이 좌표에 대한 정의를 최초로 한 사람이 바로 데카르트다.

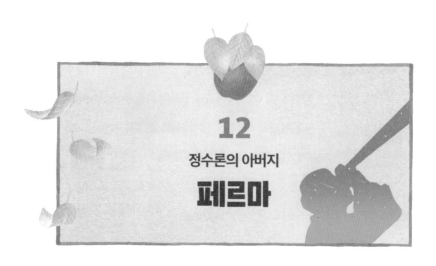

12
정수론의 아버지
페르마

"신은 정말 있는가? 세상은 왜 이리도 불공평한 거야!"

문섭이는 괴로운 표정으로 외쳤다.

"또 왜?"

"우리 반 태희 알지? 그 애 때문이야."

"알지. 예쁘장한 태희."

"예쁘기도 하지만 국어도 참 잘하거든."

"그런데?"

"그래서 신이 불공평하다는 거야. 요번 수학시험에서 태희가 1등 했거든 어떻게 국어 잘하는 아이가 수학도 잘할 수 있는 거야! 그게 말이 되냐?"

"혹시 너 국어랑 수학 합한 점수가 태희 수학 점수보다 낮은 것은 아니지?"

"이놈의 불법 앱, 고글! 또 내 시험지 본 거야? 오늘 내가 너를 내 스마트폰에서 삭제시켜 주마."

"아, 미안, 미안. 그 전에 나랑 갈 곳이 있어."

문섭이와 고글은 손을 잡고 시간의 축을 건너갔다.

이곳은 법정이다. 남자들이 머리에 긴 가발을 쓰고 있다.

문섭이는 두리번거렸다.

"여긴 법정 아니야? 수학자를 만나러 온 게 아니었어?"

그러자 고글이 웃으며 대답했다.

"맞아. 오늘 만날 수학자는 수학자이기 이전에 변호사거든."

"어이, 거기 떠드는 이상하게 생긴 아이. 신성한 법정에서 조용히 해라."

"나, 나는 아무 말 안 했는데. 고글이……."

문섭이는 입이 나온 채로 팔짱을 꼈다.

"그래서 피고는 무죄임을 증명합니다. 판사님."

고글이 한 변호사를 가리켰다.

"저분이 바로 아마추어 수학의 왕자, 페르마 선생님이셔."

"뭐야, 변호사가 수학의 왕자라고? 왕짜증이네. 법학도 잘하고 수학도 잘해. 완전 나의 적, 태희랑 똑같은 부류의 인간이구만."

페르마가 변호를 끝내고 가발을 벗으며 법정을 나섰다.

"문섭아, 우리 페르마를 따라가보자."

"왜, 우리가 스토커냐. 쩝, 변호사면 돈을 잘 버니 혹시 맛있는 점심을 사줄지 모르니까 따라가 볼까."

페르마의 집 앞에 도착했다. 페르마는 자기 집 우체통에서 편지 한 장을 꺼내자 신이 나서 쏜살같이 집으로 뛰어 들어갔다. 고글과 문섭이는 덩달아 뛰었다. 법정에서 변호하느라 피곤할 텐데도 무슨 편지를 받았는지 페르마는 뛸 듯이 기뻐했다.

문섭이는 추측했다.

"분명히 연애편지일 거야."

"무슨 소리. 페르마 선생님은 결혼도 하셨고, 아주 가정적인 분이라고."

고글의 말에 문섭이가 말했다.

"아님 말고, 키키."

페르마가 문섭이 일행을 쳐다보았다.

"너희들은 누구냐?"

문섭이와 고글은 아무 답변도 하지 못하고 서 있었다.

"관심 없고. 야호! 파스칼의 편지다."

페르마는 파스칼의 편지 겉봉을 얼른 뜯었다.

"음. 내가 아주 좋아하는 문제군. 누군지 모르겠지만 너희들도 이리 와서 보거라."

고글과 문섭도 문제를 보았다.

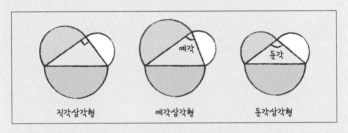

직각삼각형, 예각삼각형, 둔각삼각형의 세 변을 각각 지름으로 하는 반원을 그린 것이다. 보기의 설명 중 옳은 것을 모두 골라라.

① 예각삼각형의 경우 가장 큰 반원의 넓이는 나머지 두 반원의 넓이의 합보다 작다.
② 직각삼각형의 경우 가장 큰 반원의 넓이는 나머지 두 반원의 넓이의 합과 같다.
③ 둔각삼각형의 경우 가장 큰 반원의 넓이는 나머지 두 반원의 넓이의 합보다 크다.
④ 삼각형의 종류에 관계없이 가장 큰 반원의 넓이는 나머지 두 반원의 넓이의 합보다 크거나 같다.

문섭이는 파스칼의 편지를 보고 호흡 곤란이 오는 듯한 표정을 지었다. 물론 고글의 표정도 그리 만만하지는 않다.

페르마 혼자 아주 신이 났다.

"얘들아, 이 문제 정말 재밌지? 너희 표정이 왜 그래. 내가 다 설명해줄게."

문섭이는 고글의 손을 잡고 시간의 축으로 가려는데 페르마가
말했다.

"묵비권 행사는 너희들에게 불리할 수 있어. 법은 잠자는 자를
보호하지 않아!"

"헉."

묵비권이 무슨 뜻인지 모르겠지만 법이라는 말에 고글과 문섭
이는 손을 놓고 페르마의 설명을 듣기로 했다. 혹시 감옥에 갈지도
모르니까.

삼각형의 세 변의 길이를 각각 a, b, c(c는 가장 긴 변의 길이)라 할 때,
이 세 변을 각각 지름으로 하는 반원의 넓이는

$$\frac{1}{8}a^2\pi, \; \frac{1}{8}b^2\pi, \; \frac{1}{8}c^2\pi$$

예각삼각형인 경우

$c^2 < a^2 + b^2$이므로

$$\frac{1}{8}c^2\pi < \frac{1}{8}a^2\pi + \frac{1}{8}b^2\pi$$

즉, 가장 큰 반원의 넓이는 나머지 두 반원의 넓이의 합보다 작다.

"야, 문섭이 피고, 졸지 마! 신성한 법정에서."

문섭이는 졸린 눈을 비비다가 들켰다.

"법정? 법정은 아닌데."

페르마가 설명을 이어갔다.

직각삼각형의 경우

$$c^2 = a^2 + b^2$$

이때 고글이 말했다.

"아, 저거, 저거. 나중에 페르마의 마지막 정리가 등장하게 되는 기초의 식. 피타고라스의 정리. $c^2 = a^2 + b^2$."

"떠들지 마시오. 법정에서 퇴장시킬까요?"

문섭이는 애원조로 말했다.

"제발 퇴장시켜 주세요."

$$\frac{1}{8}c^2\pi = \frac{1}{8}a^2\pi + \frac{1}{8}b^2\pi$$

즉, 가장 큰 반원의 넓이는 나머지 두 반원의 넓이의 합과 같다.

$c^2 > a^2 + b^2$ 이므로

$$\frac{1}{8}c^2\pi > \frac{1}{8}a^2\pi + \frac{1}{8}b^2\pi$$

즉, 가장 큰 반원의 넓이는 나머지 두 반원의 넓이의 합보다 크다.

"그래서 파스칼이 보낸 편지의 문제는 보기 ①, ②, ③이 모두 옳다. 그래서 신성한 법정에서 졸고 있는 얼굴이 이상한 아이에 대한 판결을 하겠다."

고글이 문섭이를 깨웠다.

"문섭아, 페르마가 널 판결하겠대."

"내가 뭘 잘못했다고?"

"신성한 수업을 모독한 죄. 무기징역이 가능하지만 한 번의 반성할 기회를 주겠다."

"주세요. 잘못했어요."

"'n이 3 이상의 정수일 때, $x^n + y^n = z^n$을 만족하는 양의 정수 x, y, z는 존재하지 않는다'를 증명하여라."

고글이 놀라 중얼거렸다.

"앗, 저건 페르마의 마지막 정리잖아!"

문섭이는 뭣도 모르고 말했다.

"뭐 별로 안 어렵게 생겼네. 피타고라스의 정리 비슷하게 생겼네. $c^2=a^2+b^2$. 대충 숫자 끼워 넣어 생각해보면 되지."

"안 돼. 문섭아, 손을 잡아."

고글이 문섭이의 손을 잡고 급하게 시간의 축을 건넜다.

●●● 페르마의 마지막 정리

> n이 3 이상의 정수일 때, $x^n+y^n=z^n$을 만족하는 양의 정수 x, y, z는 존재하지 않는다.

페르마의 마지막 정리. 단지 문제는 누구나 이해할 수 있다. 하지만 거기에는 엄청난 함정이 도사리고 있다. 그렇게 누구나 이해할 수 있을 정도로 쉬운 문제였다면 200년 동안 그 어떤 수학자도 풀지 못하고 매달려 왔을 리가 없다. 많은 수학자가 이 문제에 목숨을 바쳐왔는데, 최근 앤드루 와일즈에 의해 증명을 완성하게 됐다. 이것이 증명되기 전까지 페르마의 마지막 정리는 수학자들에게 손을 한 번 대면 인생이 끝장나는 '금기 문제'로 악명을 떨쳤었다.

페르마는 프랑스 보몽의 한 부유한 가정에서 태어났다. 대학에서 법률학을 전공하고 변호사로 일했다. 하지만 그의 취미인 수학 실력만은 타의 추종을 불허했다.

페르마는 수학을 체계적으로 공부한 전문적인 수학자가 아니었다. 그에게 수학이란 시간 날 때 틈틈이 공부하는 학문이었다. 취미로 공부한 학문인데도 불구하고 역사에 이름을 남길 만한 업적을 세웠다는 사실로 미루어 볼 때 그가 얼마나 대단한 인물이었는지 짐작할 수 있을 것이다. 그는 데카르트와 함께 해석 기하학과 미적분 분야의 개척자로 알려져 있으며 파스칼과 함께 확률론의 창시자로도 인정받았다. 이뿐만 아니라 좌표 기하학 정립에도 크게 이바지한 그는 정수론 분야에서 '현대 정수론의 아버지'라고 불린다.

페르마의 위력을 알 수 있는 일화가 있다. 어느 날 "100,895,598,169는 소수인가?"라는 질문을 받은 그는 곧바로 그 수는 두 개의 소수 86,423과 112,303의 곱이라고 답하며 소수가 아니라고 밝혔다. 이 정도면 가히 천재가 아닐까?

페르마의 업적은 여기에서 끝이 아니다. 페르마는 데카르트와 함께 평면을 넷으로 나눈 좌표평면을 발견했다. 그의 업적은 중학교 1학년 수학 교과서 함수 편에서 살아 숨 쉬고 있다.

페르마는 미적분학의 선구자이다. 그는 극대점과 극소점을 구하는

방법을 찾아냈다. 이 일은 10년 후 페르마가 메르센을 통해 데카르트

에게 보낸 편지가 공개되면서 알려졌다.

함수 f(x)의 x=x_0에서의 값 f(x_0)이 그것에 충분히 가까운 모든 점에서의 f(x)의 값보다 클 때 f(x_0)는 극대, 작을 때 f(x_0)는 극소이다. 이때의 f(x_0)의 값을 극대값(극소값)이라 한다. x가 증가하면서 x_0을 지날 때 f(x)가 증가에서 감소로 변하면 f(x_0)은 극대이고, f(x)가 감소에서 증가로 변하면 f(x_0)은 극소이다.

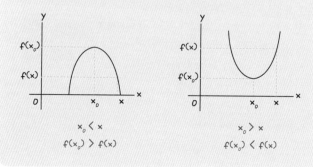

13

도박을 확률로 계산한

파스칼

"아, 짜증나. 분명히 3번에 필이 왔는데."

문섭이는 투덜대며 학교에서 돌아왔다.

고글이 문섭이에게 물었다.

"왜? 학교에서 무슨 일 있었니?"

"짜증나. 내가 오늘 확률 단원 쪽지 시험을 쳤는데. 오지선다니까 확률은 $\frac{1}{5}$이잖아."

"그렇지. 확률적으로는 말이야."

"그런데 오늘 나의 필은 3번에 딱 꽂혔어. 그래서 3번으로 쭉 찍었지."

"총 몇 문제인데?"

"20문제."

"키키, 그럼 너 20점 받았겠구나."

"어떻게 알았어. 비겁하게 내 시험지 본 거야."

"보긴 뭘 봐. 계산해보면 나오는데."

"어떻게?"

"수학선생님은 20문제 출제할 때 1, 2, 3, 4, 5번을 골고루 넣어두지. 그래서 5로 20을 나누면 한 번호가 들어갈 개수는 4개. 그리고 한 점당 배점은 5점. 그래서 네가 3번을 쭉 찍었으니 3번이 정답일 개수는 4개. 그래서 배점 5점에 4를 곱하면 20점. 계산하면 바로 나오잖아."

"뭐야, 시험지에 3번이 4개뿐이었다고."

"당연한 거 아냐?"

"왜 진작 말 안 해준 거야. 그럼 어떤 번호를 찍더라도 한 번호로 다 찍으면 딱 20점밖에 안 되는 거잖아. 우이씨, 왜 진작 안 알려줬어."

고글은 문섭이의 손을 잡고 시간의 축으로 날아갔다.

파스칼의 서재에 도착했다.

문섭 일행이 뒤에 있는지 모르고 파스칼은 깃털 달린 펜으로 편지 답장을 쓰고 있었다. 파스칼은 어떤 답장을 쓰고 있는 것일까? 마침 받은 편지가 책상 위에 놓여 있어 고글이 그 내용을 읽어보았다.

실력이 비슷한 A, B 두 사람이 금화를 32개씩 걸고 내기를 했는데 승부에서 세 번 먼저 이기는 사람이 금화 64개를 모두 갖기로 했는데 A가 두 번, B가 한 번 이긴 상황에서 게임이 중단되었어.

그렇다면 이 상황에서 금화 64개를 어떻게 분배해야 될까?

고글이 편지 내용을 먼저 읽고 문섭이에게 주었다. 고글은 이 편지 내용을 알고 있었다. 역사적으로 유명한 확률 문제다. 파스칼의 명성을 널리 알린 기념비적인 문제다.

문섭이가 말했다.

"문제가 어렵네. 이래서 도박은 나쁜 거야."

파스칼이 답장을 다 썼다.

"어, 너희들은 누구니? 잘됐네. 내가 마침 답장을 다 썼는데, 이 편지 한번 읽어봐라. 확률에 대한 내용이야."

다음은 파스칼의 답장이다.

세 번의 게임 중 A가 2번, B가 1번 이겼네. 그래도 다음 경기에서 A가 이길 확률은 언제나 반반으로 $\frac{1}{2}$, B가 이길 확률도 $\frac{1}{2}$. 지금까지 A가 2번, B가 1번 이긴 상태에서 한 번 더 게임을 할 경우, A가 이기는 방법은 다음 게임인 네 번째 게임에서 이기거나, 이 게임은 지고 그다음 게임에서 이기는 것이지.

그래서 구하는 확률은 $\frac{1}{2}+\frac{1}{2}\times\frac{1}{2}=\frac{3}{4}$ 이고, A가 이길 확률이 $\frac{3}{4}$ 이 되면 자동으로 B가 이길 확률은 $1-\frac{3}{4}=\frac{1}{4}$.

그래서 64개의 금화는 $64\times\frac{3}{4}=48$개를 A에게 주고 B에게는 $64\times\frac{1}{4}=16$개를 주면 되네.

고글이 박수를 치자, 문섭이가 덩달아 박수를 쳤다.

파스칼이 말했다.

"칭찬해줘서 고맙네. 근데 자네들은 누군가?"

고글이 나섰다.

"신경 쓰지 마세요. 그냥 우리들은 선생님을 존경하는 학생이에요."

"네 생각만 말해. 난 존경까지는 안 한다구."

문섭이가 고글에게 쏘아붙였다.

그때 파스칼의 매서운 눈빛과 마주쳤다. 문섭이는 그 눈빛조차 기분이 나빴다.

"같은 조건에서 많은 횟수의 실험이나 관찰을 할 때, 어떤 사건이 일어나는 상대도수가 일정한 값에 가까워지면 이 일정한 값을 사건이 일어날 확률이라고 한다……. 이런 어려운 말을 우리가 꼭 알아야 할까요? 다 선생님 잘못이에요."

문섭이의 말에 파스칼이 말했다.

"내가 뭘 잘못했는지 모르겠다만, 확률이라는 내용 정말 멋지구나. 확률이라, 참 멋진 말이다. 갑자기 내가 생각한 내용이 있는데 한번 들어볼래?"

문섭이는 자신의 귀를 막고 고글이 대답했다.

"네, 선생님."

"사건 A가 일어날 확률 p, 사건이 일어날 모든 경우의 수를 n이라 하고, 사건 A가 일어나는 경우의 수를 a라 하면 $p=\frac{a}{n}$로 정하면 어떨까. 이상한 것 같니?"

"아니요. 선생님 너무 완벽해요."

"고글, 아부가 너무 심한 거 아니야?"

고글의 말에 파스칼의 기분이 좋아져서 문섭이 일행에게 뭔가를 보여준다.

"내가 어릴 적에 만든 거야. 나의 아버지는 세금 관리자였는데 늘 세금 계산으로 힘들어하셨지. 그래서 나는 숫자를 빠르고 정확하게 계산할 수 있는 방법을 연구했어. 이 기계를 만들었어."

파스칼 계산기

"우아, 멋져요. 계산기네요."

고글의 말에 문섭이가 현대의 전자계산기를 내놓으려는 것을
말렸다.

"이 기계, 혹시 파스칼리나라고 이름을 붙이면 어떨까요?"

"파스칼리나라……. 좋구나."

이 기계는 파스칼이 만든 세계 최초의 수동식 계산기였다. 파스
칼리나는 0에서 9까지의 숫자가 쓰인 톱니바퀴로 만든 것이며 덧
셈과 뺄셈 기능만 가능했다.

고글이 뭔가를 발견하고 파스칼에게 물었다.

"선생님, 저 트리는 뭔가요?"

"아, 저거 내가 만든 파스칼 트리야."

파스칼은 크리스마스 트리에 수들을 매달아두었다.

"쳇, 크리스마스 트리에 선물 달고 별 달고 양말 달고 하는 것은 봤어도 수를 다는 것은 처음 보네."

문섭이는 작은 목소리로 투덜댔다.

파스칼은 문섭이의 투덜거림은 전혀 신경도 쓰지 않고 말했다.

"파스칼 트리에서 많은 성질들을 발견했어. 한번 볼래?"

"우아, 멋질 것 같아요."

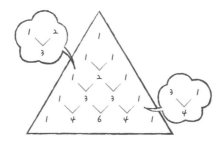

"위의 두 수를 더하면 아래 수가 되는 성질을 발견했어."

"역시 선생님이에요. 저는 아무리 봐도 몰랐어요."

고글은 이것이 '파스칼의 삼각형'이라는 것을 알고 있으면서도 파스칼에게는 전혀 몰랐다고 하면서 칭찬을 늘어놓았다. 문섭이는 고글이 아부 바이러스에 감염된 게 확실하다고 믿었다.

"자네는 참 좋은 학생 같군. 그럼 이것도 좀 봐주게."

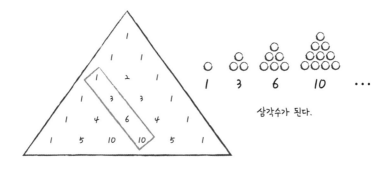

상각수가 된다.

"아, 1, 3, 6, 10…… 따로 떼어서 수를 배열하니 삼각수가 되는군요."

파스칼은 아까 문섭이가 자신의 트리에 대해 뭐라 한 것에 대해 불만을 품고 고글에게만 말을 걸었다.

"친구, 이것도 좀 봐주게."

파스칼이 또 다른 이론을 보여주었다.

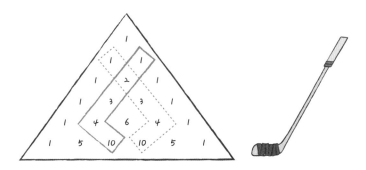

"1+2+3+4=10, 1+3+6=10. 이렇게 더하면서 꺾으면 더한 값이 나와."

고글이 놀랐다.

"하키스틱 공식!"

"하키?"

아참, 파스칼 시대에는 하키라는 운동이 없었다는 사실을 기억하며 고글이 미소를 지었다.

문섭이도 하키스틱 공식이라는 말을 듣고 호기심이 생겼다.

"우아, 이건 좀 멋지다."

파스칼이 문섭이의 칭찬에 기분이 좋은지 어깨를 으쓱했다.

문섭이가 물었다.

"선생님은 하키가 뭔지 아세요?"

"하키?"

파스칼은 문섭 일행이 아무래도 수상하게 느껴졌다.

"너희들 좀 수상해. 아무래도 당국에 신고해야겠어. 기다려 봐."

고글이 문섭이의 손을 잡으며 말했다.

"문섭아, 이제 우리 시대로 가야 할 듯해. 얼른 가자."

파스칼은 1623년 프랑스에서 태어났다. 그의 아버지는 부자였으며 법률가이자 파리의 수학자들로 구성된 수학협회의 일원이었다.

어릴 적 파스칼은 허약한 아이였다. 그래서 파스칼에게 수학을 가르치는 것은 무리라고 판단한 그의 아버지는 집에 있는 수학책을 몽땅 치워버렸다. 하지만 파스칼은 12세의 나이에 혼자서 기하학을 공부할 정도로 수학에 대한 열정이 대단했다. 그가 삼각형 내각의 합이 180도임을 증명하자, 아버지는 마음을 고쳐먹고 그리스 수학자 유클리드가 쓴 『원론』이라는 책을 복사해주었다. 그 후 파스칼은 아버지를 따라다니며 파리의 과학자와 수학자 모임에 참석했다. 역시나 수학에 탁월했던 그는 프랑스 수학자 데자르그[1]의 수학 논문 작업에 참여하기도 했다.

파스칼은 열여덟 살이 되던 해에 아버지 일을 돕기 위해 기계식 계산기를 발명한다. '파스칼의 계산기', 즉 '파스칼리나'라고 불리는 이 계산기는 세계 최초의 계산기로, 이 덕분에 덧셈과 뺄셈이 가능해졌다.

---

1 제라르 데자르그(1591~1661): 프랑스의 수학자로 기하학적인 표시법의 체계를 세웠다.

현대적 컴퓨터로 발전할 수 있는 바탕을 이룬 셈이다. 그는 왕실로부터 자신이 발명한 계산기를 독점적으로 제작하고 판매할 수 있는 전매권을 얻었다.

또한 기압과 진공에 관한 실험을 계획하고 실행하는 과학자들의 연구에 참여했다. 파스칼은 확률론의 기초와 산술삼각형을 연구했고 점차적으로 확률론의 기본 개념을 만들었다. 파스칼은 확률이라는 단어는 쓰지 않았지만 페르마와 주고받은 편지를 보면 현대 확률 이론의 기초를 세웠음에는 의심의 여지가 없다.

파스칼은 자신의 재능을 물리학에도 적용해 '유체는 모든 방향으로 같은 압력을 전달한다'는 파스칼의 법칙을 발견했다.

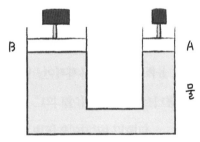

파스칼의 법칙
밀폐된 용기 안에 정지하고 있는 유체 일부에 압력을 가할 때 그 압력은 강도가 변하지 않고 유체 내의 모든 부분에 전달된다는 법칙

이러한 파스칼의 업적을 기리기 위해 압력의 단위 중 그의 이름을 딴 '파스칼(Pa)'이라는 단위가 있다. 1파스칼은 1제곱미터당 1뉴턴의 힘이 작용할 때의 압력이다. 파스칼의 압력 원리는 나중에 자동차의 브레이크와 비행기 착륙 기어를 비롯한 많은 기계에 이용된다.

또한 파스칼은 확률 이론의 기초를 세웠다. 고등학생이 되면 파스칼 삼각형이라는 것을 배우는데 확률에서 중요하게 다루는 내용이다.

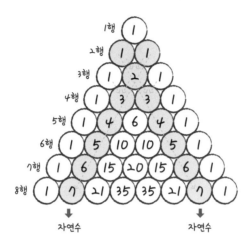

파스칼의 삼각형에서 각 행의 맨 처음과 끝은 항상 1이다. 그리고 그 사이의 수들은 바로 위의 행의 왼쪽과 오른쪽에 있는 두 수의 합을 적어 넣으면 된다. 색칠한 부분을 보면 자연수 순서대로 나열되어 있음을 알 수 있다.

14
미적분학의 창시자
뉴턴

$$\int \frac{sin^2}{1-cosx}\,dx$$

"뭐야, 이건? 이게 수학이야, 뱀이야. 뱀 기호가 뭘 삼킨 거야. 몸통 안을 봐봐."

"푸하하. 이게 바로 미적분 계산이잖아."

"미적분? 수학에서 가장 어렵다는 미적분! 이런 큰 범죄를 저지른 수학자는 도대체 누구야?"

고글이 잠시 고민했다.

"우리 문섭이를 뉴턴에게 데려갈까? 아니면 라이프니츠[1]에게 데려갈까?"

"뭐야, 이런 나쁜 기호를 만든 수학자가 두 명이란 말이야? 그럼 내가 2 대 1로 싸워야 하나?"

"하하하, 2 대 1은 곤란하지, 1 대 1이 정당하다. 뉴턴에게 가보자."

고글과 문섭이가 원점에서 출발해 x축과 y축 사이를 거쳐 시간의 축으로 나아갔다.

"아야!"

무언가가 문섭이의 머리 위에 똑 떨어졌다. 아래를 쳐다보니 문섭이의 머리를 강타한 것은 사과였다.

"뭐야, 두 사람이 있는데 하필 내 머리에?"

고글이 웃으며 말했다.

"사과나무가 있는 것을 보니 우리가 뉴턴의 집을 제대로 찾아온 것 같군."

"그럼 나의 머리를 때린 사과의 주인이 뉴턴이란 말이지. 안 그래도 원한이 많았는데, 사과로 날 공격해? 따지러 가자."

---

1 고트프리트 라이프니츠(1646~1716): 독일의 철학자·수학자·법학자·신학자·역사가로, 수학에서 미적분법의 창시자이며, 미분 기호, 적분 기호의 창안 등 해석학 발달에 많은 공헌을 했다.

뉴턴이 만유인력에 대해 고민하다가 사과나무 아래에서 잤는지 눈을 감고 생각했는지는 모르겠지만 마침 잘 익은 사과가 뉴턴에게 떨어졌다. 뉴턴이 떨어지는 사과를 보고 떠오른 생각이 바로 그 유명한 만유인력의 법칙이다.

$$F = G\frac{Mm}{r^2}$$

"우아, 뉴턴이라는 사람 진짜 못쓰겠네. 수학으로 학생들을 괴롭히더니, 이제는 만유인력이라는 물리법칙까지 만들었어. 나 말리지 마! 진짜 못 참겠네."

한참 파티 중인 뉴턴의 집에는 친구들로 바글바글했다.

고글이 노학자 한 분에게 물었다.

"뉴턴 선생님은 어디 가셨어요?"

"응, 가재 요리를 만들어 온다고 주방에 잠시 들어갔어. 아직 안 나타나네."

그때 뉴턴이 외출 복장으로 나타났다.

문섭이가 뉴턴을 보며 물었다.

"어디 가세요?"

"응, 교회 가려고."

"엥, 친구 분들을 초대해놓고 웬 교회?"

"아, 우리 지금 파티하고 있었지!"

고글이 문섭이에게 작은 목소리로 알려주었다. 뉴턴은 뭔가 집중하는 일이 있으면 잘 까먹는다고. 사람들은 뉴턴을 놀라운 집중력의 소유자라고 불렀다.

아까 그 노학자가 말했다.

"뉴턴, 자네가 해온다고 한 가재 요리는 어떻게 됐나?"

"아!"

그러면서 뉴턴이 다시 주방으로 들어가 가재 요리를 가져왔다.

뚜껑을 열자 헉, 가재는 없고 펄펄 끓는 냄비 속에 뉴턴의 시계가 잘 익어가고 있었다.

"이런, 내가 또 뭔가를 생각했나 보군. 미안하네. 그냥 닭요리나 먹지."

그런데 배가 고픈 친구들이 이미 닭요리를 다 먹어버린 뒤였다. 앙상하게 남은 닭 뼈를 본 뉴턴이 말했다.

"아이쿠, 내가 다 먹었구나. 그럼 우리 이제 식사를 마쳤으니 커피나 좀 할까?"

뉴턴은 자신이 닭요리를 입에도 대지 않았다는 사실을 자신은 전혀 기억하지 못했다. 그는 지금 중대한 연구를 생각하느라 자신이 식사를 했는지 안 했는지도 알지 못했다. 뉴턴에게 이런 일화는 흔하디흔한 것이었다.

문섭이가 말했다.

"나도 뉴턴 같은 천재인가 봐. 게임을 하다 보면 내가 밥을 먹었는지 안 먹었는지도 기억나지 않아."

"비유할 걸 비유해라."

고글의 반박에 문섭이가 뾰로통하게 대꾸했다.

"엄청난 천재라고 하더니, 내가 볼 때 별로 실력 있어 보이지 않는걸."

이때 뉴턴의 식탁이 균형이 잡히지 않아서 그런지 닭고기 소스 그릇이 자꾸 흘러 식탁 아래로 떨어졌다.

뉴턴의 친구가 말했다.

"자네 식탁이 왜 이러나. 수학과 과학의 천재인 자네가 이렇게 기우뚱한 식탁을 어떻게 좀 해보게나."

뉴턴이 기울어진 식탁의 다리를 골똘히 쳐다보았다.

"아, 알았다. 수학의 평균값 정리로 해결할 수 있어."

문섭이가 식탁 기울어진 것과 수학의 평균값 정리가 무슨 관계가 있느냐면서 머리를 갸웃거렸다.

고글은 뭔가 아는 듯이 무릎을 탁 치며 말했다.

"역시 뉴턴 선생님은 천재다."

"뭐가 천재라는 거야?"

평균값 정리는 미분 가능한 함수의 그래프 위의 임의의 두 점을 연결한 직선의 기울기와 같은 기울기를 갖는 접선이 두 점 사이에 적어도 하나 있다는 것을 의미한다.

따라서 함수 f(x)가 구간 [a, b]에서 연속이고

구간 (a, b)에서 미분 가능할 때,

$\dfrac{f(b)-f(a)}{b-a}=f'(c)$인 c가 a와 b 사이에 적어도 하나 존재한다는 것이다.

문섭이가 화를 버럭 냈다.

"식탁하고 저 이상한 기호들과 무슨 상관이래. 이러니 학생들의 원수라는 말을 듣지."

고글이 문섭이를 진정시키며 말했다.

"진정해. 내가 알기 쉽게 설명해줄게. 바닥이 울퉁불퉁한 상태를 부드럽게 연결된 미분 가능한 상태로 보고 식탁의 다리를 연속되게 이리저리 돌려보면 다리와 다리 사이에서 바닥과 딱 맞아 일치

하는 순간이 적어도 하나는 생긴다는 뜻이야."

"무슨 소리야. 일단 내가 식탁을 이리저리 돌려보고 말하자. 어, 딱 맞아지는 지점이 있네!"

문섭이가 식탁을 한 바퀴도 채 돌리기 전에 바닥과 딱 맞는 지점이 생겼다. 식탁이 고정되었다.

"와, 신기하네."

이때, 뉴턴이 문섭이 일행을 유심히 보더니 한마디 건넸다.

"너희들은 누구니? 못 보던 사람인데. 그리고 복장이 우리랑 좀 다르고. 피부색은 또 왜 그러니? 너희들 정말 궁금하다. 이리 와 봐."

고글이 문섭이의 손을 잡으며 말했다.

"문섭아, 안 되겠다. 도망가자."

고글과 문섭이가 시간의 축 위로 잽싸게 올라탔다.

현대로 돌아온 문섭이가 고글에게 말했다.

"하나 궁금한 게 있어. 뉴턴 선생님이 무서워서 도망친 거야?"

"난폭해서 무서운 것이 아니라 뉴턴 선생님의 호기심이 무서웠던 거야."

"무슨 소리야? 호기심이 무섭다니."

"뉴턴 선생님이 우리를 호기심 어린 눈으로 쳐다봤잖아."

"그랬지."

"뉴턴 선생님의 호기심이 얼마나 집요한지 아니? 한때 눈 근육의 움직임이 궁금해서 바늘을 가지고 자신의 눈구멍과 눈알 사이를 찌르는 무시무시한 행동까지 했던 분이란 말이야."

이 이야기를 들은 문섭이가 가슴을 쓸어내렸다.

"뉴턴 선생님에게 붙잡혔으면 큰일 날 뻔했네!"

뉴턴은 1642년 잉글랜드 링컨셔의 한 작은 마을에서 태어났다. 부유한 농부였던 뉴턴의 아버지는 그가 태어나기 3개월 전에 세상을 떠난다. 남편을 잃은 슬픔에 뉴턴의 어머니는 그를 10개월이 채 되기 전에 출산했고, 조산아로 태어난 뉴턴은 또래 아이들보다 몸집이 작고 약했다. 3년 뒤, 어머니가 목사와 재혼하면서 뉴턴은 외할머니의 손에 맡겨진다. 이 같은 일들을 겪으며 뉴턴은 말수가 줄어들었고 친구들과 어울리기보다는 혼자 공상하며 시간을 보내는 일이 많아졌다. 그리고 이는 평생에 걸친 뉴턴의 성격이 되어 버렸다.

수학적 재능을 인정받은 뉴턴은 이른 나이에 케임브리지 대학의 교수가 되었다. 하지만 신은 공평했다. 그의 강의 실력은 따분하기 그지 없었기 때문에 수업을 시작한 지 15분이 지나면 강의실에 남아 있는 학생을 찾아볼 수 없을 지경이었다.

뉴턴은 페스트가 무섭게 창궐해 대학이 휴교를 한 상태에서 미적분학으로 알려진 유율법에 대한 연구를 해냈다. 이 유율법은 나중에 독일의 수학자 라이프니츠와 누가 먼저 발견했는지를 두고 격렬한 논쟁을 벌였다. 미적분학의 창시자가 누구인지를 두고 영국과 유럽의 수학자들 사이에서 벌어진 그 격렬한 논쟁은 18세기 후반까지 계속되었으며, 라이프니츠가 먼저 세상을 떠남으로써 끝을 맺는다.

뉴턴의 업적 하면 누가 뭐라 해도 미적분학이다.

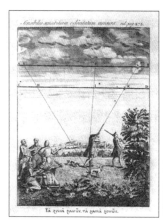 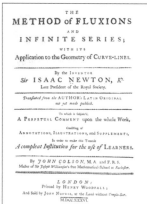

뉴턴은 1671년 논문 「유율법과 무한급수」에서 미적분학에 대한 그의 일반적인 이론을 설명했다. 1736년 번역서에 있는 이 그림은 사냥꾼이 하늘을 나는 새를 향해 총을 쏘는 장면을 묘사한 것으로 미적분학이 가능한 움직임을 분석하는 데 어떻게 이용되는지를 보여 준다.

뉴턴은 미분과 적분의 계산이 서로 역의 관계에 있다는 사실을 알아냈다. 이것은 미적분학의 기초 원리로 다른 수학자들이 미처 깨닫지 못했던, 하지만 뉴턴이 최초로 알아낸 중요한 아이디어다. 그는 과학 잡지에 빛과 색에 대한 새로운 이론을 실었다.

뉴턴은 햇빛을 프리즘에 통과시키는 실험을 통해, 흰 색의 빛은 여러 다른 형태의 광선을 포함하고 있으며, 이 광선들을 각각 다른 각도로 굴절시킴으로써 분광을 만들어낸다는 사실을 증명했다.

뉴턴은 사람이 관찰할 수 있는 역학, 무지개 현상, 굴절망원경에 의해 만들어지는 이미지의 일그러짐 현상을 설명하기도 했다.

뉴턴의 유명한 저서로는 『프린스피아』가 있다. 『프린스피아』는 뉴턴을 국제적인 과학 선두자로 만들었고 이후 100년간의 과학 연구의 방향을 제시해 준 명작이다. 프랑스 수학자 라그랑주는 그 책을 일컬어 인간의 지력의 가장 위대한 성과라고 했으며, 동료인 라플라스는 천재들의 그 어떤 다른 결과물들보다 높은 가치가 있다고 평가했다.

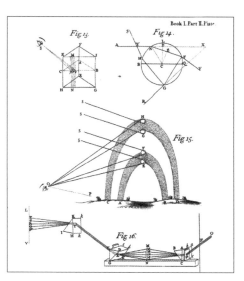

1704년 논문 「광학」에는 무지개, 아일랜드 섬광석, 프리즘을 통한 굴절 현상과 같은 눈으로 볼 수 있는 현상들이 설명되어 있다.

뉴턴 하면 떠오르는 또 한 가지는 바로 만유인력의 법칙이다. 질량을 가진 모든 물체는 두 물체 사이에 질량의 곱에 비례하고 두 물체의 질점 사이 거리의 제곱에 반비례하는 인력이 작용한다는 법칙이다.

●●● 만유인력의 법칙

- 정지된 물체는 정지 상태를 유지하며, 반면에 움직이는 물체는 계속해서 직선으로 운동하는 경향이 있다.
- 힘은 질량과 가속도의 곱과 같다.
- 모든 운동에는 같은 크기를 갖는 반대 방향의 힘이 존재한다.

아르키메데스, 가우스와 함께 위대한 세 명의 수학자 중 하나로 손꼽히는 뉴턴은 이런 말을 남겼다.

"내가 이런 업적을 이룰 수 있었던 이유는 거인의 어깨 위에 서 있었기 때문이다."

제3부
근대의 수학자들

장애를 극복한 수학자

오일러

문섭이가 훌쩍훌쩍 울고 있자 고글이 걱정스러운 얼굴로 물었다.

"무슨 일 있니?"

"엄마에게……."

"맞았구나."

"아니, 핸드폰을 한 달간 뺏겼어."

"왜?"

"수학시험 빵점 받았다고."

"답을 밀려 썼니?"

"아니, 잤어."

"혼날 만하네."

"어제 늦게 잠들었거든."

"아무리 그래도 시험 치면서 잠이 오니?"

고글은 문섭이의 손을 잡고 시간 여행을 떠났다.

문섭이와 고글이 도착한 곳에서는 한 노인이 붓으로 무언가를 쓰고 있었다.

"저 할아버지, 붓으로 뭘 하는 걸까? 그림을 그리나?"

문섭이가 고글에게 구경하자고 했다.

"뭐야, 그림이 아니잖아."

할아버지가 쓴 것은 글이 아니고 수식이었다.

$$v-e+f=1, \ v-e+f=2$$

"저 할아버지, 영어 선생님인가? 근데 숫자 1과 2는 뭐지?"

"가만 있어 봐. 이 식은 평면도형과 입체도형을 나타내는 식이야."

"뭔 뚱딴지같은 소리야. 어딜 봐서 저 식이 도형이니?"

"잠자코 지켜보자."

$$v-e+f=1$$

꼭짓점 모서리 면

$$3-3+1=1$$

"v는 꼭짓점의 개수로 3개, e는 모서리의 개수로 3개, f는 면의 개수로 1개. 대입해서 풀면 1이 성립."

할아버지는 연신 중얼거렸다.

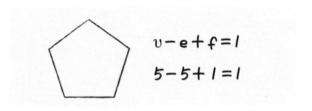

$$v-e+f=1$$

$$5-5+1=1$$

"우아 신기하네. 근데 두 번째 $v-e+f=2$는 뭐지?"

문섭이의 물음에 고글이 대답했다.

"아마도 입체도형에서 성립될 거야."

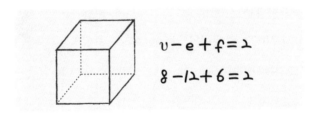

$$v-e+f=2$$

$$8-12+6=2$$

이번에는 고글이 놀라는 표정을 지었다.

"이 할아버지는 혹시?"

할아버지를 빤히 쳐다보다가 고글이 말했다.

"오일러, 오일러 수학자다!"

"뭐, 보일러?"

"보일러가 아니라 18세기 수학의 선구자 오일러 수학자."

그러자 오일러가 붓을 놓으며 쳐다보았다.

"당신들, 나를 아시오? 나는 이미 눈이 멀어져 가는 노인이라……"

오일러는 31세에 병균에 오른쪽 눈이 심하게 감염되어 시력을 잃고 말았다. 백내장으로 시력은 점점 나빠지고 있었음에도 배 만드는 조선학, 음향학에 대한 원고도 쓰고, 파리과학협회에서 후원하는 수학경연대회에서 대상을 차지했다. 1741년까지 55권의 수학 연구보고서를 발표하고 아직 발표하지 않은 보고서도 30여 권에 이르렀다.

오일러는 시력을 잃은 열악한 환경에서 560권의 수학책과 논문을 발표했고, 그가 죽은 후 동료들이 그가 남긴 자료를 모아 300권의 책을 더 발표했다.

"우아, 대단하지만 수학책을 그렇게 많이 썼다면 진정한 학생들의 적이지!"

문섭이가 발끈했다.

"문섭아, 너는 졸음을 못 참아서 수학을 빵점 받았지만 오일러 수학자는 시력을 잃어가면서도 연구하신 분이야."

"야, 여기서 나의 수학 빵점 이야기는 왜 해?"

고글이 말릴 틈도 주지 않고, 문섭이는 오일러에게 따졌다.

"할아버지, 왜 일상생활에서 쓰이지도 않는 수학을 그렇게 끊임없이 연구하신 거예요?"

오일러는 침착하게 웃으면서 말했다.

"글쎄다. 학문이 꼭 일상생활에서 쓰여야만 하니?"

"할아버지 때문에 후손들이 얼마나 고생하는지 아세요? 꽃다운 학창시절에 말이에요."

"글쎄다. 공부는 마음먹기에 달려 있지 않을까?"

"우이씨, 이 할아버지 말이 안 통해."

고글이 문섭이를 말렸다.

"참아, 문섭아. 눈이 먼 할아버지 수학자에게 왜 그래?"

그때 오일러를 만나러 동네 젊은이가 찾아왔다.

"선생님, 선생님. 옆 동네 젊은이들이랑 패싸움이 났어요."

"무슨 일인데?"

"쾨니히스베르크의 다리 때문이에요."

"또 그 문제구나."

고글은 쾨니히스베르크의 다리라는 말에 뭔가 알아챘다.

"아, 또 역사적인 수학 문제의 등장이다."

마을 청년과 오일러 선생님, 그리고 문섭 일행이 그 문제의 다리로 갔다.

쾨니히스베르크의 다리는 18세기 초 소련과 폴란드 국경 근처
에 있었다.

그들의 관심사이자 다툼의 원인은 양쪽 도시 사람들은 같은 다
리를 두 번 건너지 않고, 모든 다리를 꼭 한 번씩만 건너서 산책할
수 있을까? 하는 것이었다.

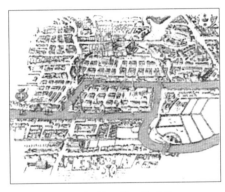

쾨니히스베르크의 다리

가능하다는 쪽과 불가능하다는 쪽으로 의견이 팽팽하게 갈렸지
만, 누구도 확실하게 그 이유를 말하는 사람이 없었다.

오일러가 웃으며 말했다.

"이 문제는 수학을 이용하면 아주 간단해."

모두 오일러의 입을 주목했다.

"모두 지나는 것은 불가능해."

사람들이 웅성웅성하면서 그 이유를 설명해달라고 했다.

반대편은 오일러 같은 유명한 수학자의 말에 토를 달지 말라고 소리쳤다.

"이유? 자, 이렇게 쾨니히스베르크 다리를 수학의 점과 선으로만 도형화시켜 보자."

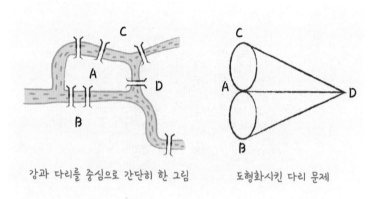

강과 다리를 중심으로 간단히 한 그림   도형화시킨 다리 문제

"이제 한붓그리기 아는 사람?"

고글이 나섰다.

"제가 압니다."

"자네가? 그럼 어디 말해보게."

붓을 종이 위에서 한 번도 떼지 않고 같은 곳을 두 번 지나지 않으면서 어떤 도형을 그리는 것. 짝수 점만으로 되어 있는 도형이나, 홀수점이 2개인 도형으로써 그 한쪽을 출발점, 나머지 하나를 종점으로 하는 경우에만 한붓그리기가 가능하다.

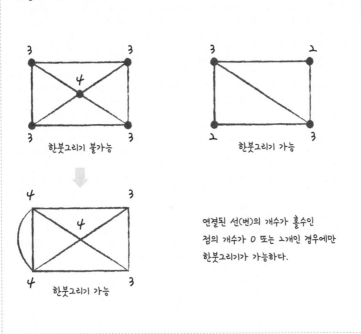

"잘했어. 그럼 이제 쾨니히스베르크의 다리가 한붓그리기가 되지 않는 이유만 알면 이 문제는 해결되는 거라네."

오일러는 쾨니히스베르크의 다리 문제를 도형화시켜서 한붓그리기가 가능한지 아닌지로 이 문제를 간단히 해결해냈다.

고글이 한 번 더 나섰다.

"쾨니히스베르크의 다리를 도형화한 그래프는 홀수점이 4개라서 한 번에 그리기는 불가능합니다. 그래서 쾨니히스베르크의 다리는 모두 지나갈 수 없다는 것이 정답입니다."

오일러가 보이지 않는 눈을 반짝이면서 고글과 하이파이브를 했다.

"그래, 모든 일이 다 그렇다. 어떠한 장애도 우리는 다 극복해낼 수 있는 거다. 마음의 눈을 떠라. 수학 역시 마음먹기 나름이니라."

"옳은 말씀."

이번에는 문섭이가 먼저 고글의 손을 잡고 시간의 축을 건너 돌아왔다.

레온하르트 오일러 Leonhard Euler, 1707~1783

18세기 수학의 선구자 오일러는 스위스 바젤에서 1707년 태어났다. 아버지는 목사였고 어머니 역시 목사의 딸이었다. 부모님은 아들이 목사가 되길 원했지만 오일러는 수학의 마력에 빠져 수학의 길을 택했다.

13세 때 오일러는 바젤 대학에 입학했다. 그는 그곳에서 아버지의 동기였던 수학자 베르누이[1]를 만나게 된다. 베르누이도 친구 아들과의 만남을 기뻐하며 오일러에게 좋은 수학책들을 골라주었고, 오일러는 책을 보다가 이해 안 되는 부분이 생기면 찾아가서 물어보곤 했다.

오일러는 대학에서 철학을 전공했지만 수학에서도 빼어난 능력을 자랑했다. 그는 17세에 「데카르트와 뉴턴의 철학적 저서들의 비교」라는 주제로 논문을 써서 수학 석사 학위를 받았다.

대학을 졸업한 그는 박사과정에서 아버지의 뜻을 받아들여 목사가 되기 위해 신학으로 전공을 바꾸기도 한다. 하지만 거기서도 베르누이를 만나 수학을 공부하게 되고 베르누이가 아버지를 설득하여 마침내

---

1 다니엘 베르누이(1700~1782): 네덜란드 흐로닝언 출생의 스위스 물리학자 겸 수학자. 1738년에 펴낸 저서 『유체역학』에서 베르누이의 정리를 발표했다.

수학자의 길로 접어들었다.

　오일러는 상트페테르부르크 학술원의 물리학 교수로 임명되었다. 물리학 교수였지만 틈틈이 수학 연구를 발표하면서 유명세를 더해갔다. 그러다가 연구에 몰두한 나머지 31세 때 눈병이 심하게 생겨 오른쪽 시력을 잃었고, 1770년 완전히 양쪽 시력을 모두 잃게 된다.

　하지만 수학에 대한 그의 애정과 비상한 두뇌는 장애도 극복해낸다. 그는 상상과 암산만으로 위대한 수학의 업적을 쌓아갔다. 오일러는 평생 동안 560권의 책과 논문을 출간했다. 그가 죽은 후에도 동료들이 그가 남긴 자료를 모아 300권의 책을 더 출간했을 정도다. 수학자들은 종종 18세기를 오일러의 시대라고 말한다.

　무엇보다 오일러를 유럽 전 지역의 유명인사로 만든 수학적 발견은 분수들의 합 $1+\frac{1}{4}+\frac{1}{9}+\frac{1}{16}+\frac{1}{25}+\cdots$을 계산하는 방법을 알아낸 것이다. 이 무한급수는 $1+\frac{1}{2^2}+\frac{1}{3^2}+\frac{1}{4^2}+\frac{1}{5^2}+\cdots$로 간단히 나타내면 $\Sigma\frac{1}{n^2}$이 된다.

　이 문제를 바젤 대학의 교수인 요한 베르누이의 형 야곱이 발표하면서 모든 수학자에게 풀어보라고 했다. 이 문제는 수학자들에게 90년 동안 고민을 안겨주었지만 어느 누구도 시원한 답을 내지 못했다. 오직 오일러만이 정확한 답이 $\frac{\pi^2}{6}$인 약 1.644934임을 찾았다. 이 일을 계기로 오일러의 명성은 유럽을 강타한다.

　페르마는 양의 정수 n이 2의 거듭제곱이면 2^n+1은 소수라는, 즉 그 수가 1보다 큰 두 개의 정수의 곱으로 인수분해 될 수 없다는 주장을 했다. 아무도 이것에 오류가 있다는 것을 증명하지 못했다.

정수론의 대가였던 오일러 역시 페르마의 마지막 정리에 도
전했다. 모든 것을 다 증명하지는 못했지만 n이 3인 경우에는
$2^{32}+1=4,294,967,297$은 641과 6,700,417로 인수분해 된다는 것을 밝
히며 완벽하게 증명해냈다.

오일러가 남긴 업적 중 또 한 가지는 1736년 오랫동안 수학자들을
고민하게 했던 또 다른 유명한 문제 쾨니히스베르크의 다리 문제를 해
결한 것이다. 독일의 도시, 쾨니히스베르크 지역에 4개의 지역을 연결
해주는 7개의 다리가 있다. 사람들은 각각 한 번씩만 건너서 마을 전체
를 산책할 수 있는지 의문이었다.

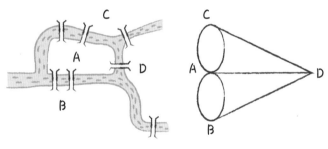

강과 다리를 중심으로 간단히 한 그림   도형화시킨 다리 문제

정답은 '건널 수 없다'이다. 이 문제에 도전했던 많은 수학자들이 실
패를 맛봤지만 오일러는 한붓그리기라는 수학 기술로 간단하게 해결
해냈다.

오일러는 한 번씩만 지나 모든 다리를 건너가기 위해서는 시작하는

지점과 마지막 도착하는 지점을 제외하고, 다른 모든 지점에서는 다리를 건너 그곳에 닿을 때마다 그 다리가 아닌 다리를 통하여 그곳을 나갈 수 있어야 한다는 사실을 깨달았다. 즉, 그 점에 연결된 선의 개수는 짝수가 되어야 한다는 것이었다. 쾨니히스베르크 다리 건너기 문제를 표현한 그래프를 보면 홀수점이 두 개 이상이므로 각각의 다리들을 한 번씩만 지나 모든 다리를 건너는 것은 불가능하다. 오일러는 이러한 문제를 일반화하여 어떠한 그래프에서 각각의 선을 한 번씩만 건너 그래프의 모든 선들을 지날 수 있는 경우를 모두 밝혔는데 이를 오늘날 오일러의 한붓그리기 정리라고 한다. 이러한 오일러의 해법은 오늘날 그래프 이론을 개척하는 데 결정적인 역할을 했다.

16

수학자들이 인정한 수학의 왕자

가우스

학교에서 돌아온 문섭이는 신이 났다.

"나는야, 게임의 왕자. 랄랄라~."

고글도 문섭이의 기분 좋은 표정을 보니 즐거워했다.

"문섭아, 뭐가 그렇게 즐겁니? 학교 공부가 그렇게 즐거운 거니?"

문섭이는 고글을 째려보았다.

"무슨 말 같지도 않은 소리! 학교 공부가 재밌다고? 그게 아니라 나 오늘 우리 반에서 1등 했다구."

뭔 소리지? 공부 싫다는 녀석이 반 1등이라고?

"뭘 1등 했는데?"

"우리 반에서 내가 롤 티어가 1위거든. 나는 게임의 왕자야."

"키키, 우리 문섭이 게임의 왕자구나. 그렇다면 일단 그를 만나야지."

고글은 문섭이의 손을 잡았다. 문섭이와 고글이 쭈글쭈글 오징어 두 마리가 불 위에서 굽히듯 휘어지며 수학의 세계로 들어갔다.

따듯한 봄날이다. 졸음이 쏟아지는 계절. 교단 아래 의자에서 선생님이 꼬박꼬박 졸고 있다. 독일의 한 초등학교 교실이다.

문섭이가 말했다.

"저기 졸고 있는 저분이 분명 가우스일 거야. 선생님이 졸면 안되지. 우리보고는 맨날 정신 똑바로 차리고 공부하라면서."

졸음에서 깬 선생님이 말했다.

"조용히 해! 어제 잠을 설쳤더니……. 아이들에게 이 문제를 풀도록 하고 다시 자야겠다. 흐흐흐, 이 정도 문제면 아이들이 한 시간 동안은 끙끙 대면서 푸느라고 조용하겠지."

선생님이 칠판에 적은 문제는 제법 어렵게 보였다.

$$1+2+3+4+5+6+7+8+9+10\cdots+98+99+100$$

쿨, 쿨, 쿨…… 선생님은 다시 잠속으로 빠진다.

"와, 가우스 선생님 너무하시네."

"조용히 해 봐."

그때 한 학생이 선생님을 깨우며 말했다.

"답을 구했어요. 답은 5050입니다."

선생님의 눈이 왕방울만 해졌다.

고글이 말했다.

"답을 말한 저 학생이 바로 가우스 수학자야."

"저 꼬마가 가우스?"

"우린 지금 가우스 수학자의 어린 시절에 와 있는 거야."

선생님이 가우스를 쳐다보며 말했다.

"어떻게 답을 맞힌 거니? 니가 푼 거 맞니, 가우스?"

가우스는 여유 있게 웃으며 답했다.

"아주 쉬운 문제잖아요."

"가우스야, 나에게 풀이를 좀 설명해다오."

어린 수학자 가우스가 쓱쓱 적어 나갔다.

거꾸로 써준다	1 + 2 + 3 + 4 + 5 ·········· + 98 + 99 + 100
	100 + 99 + 98 ·········· + 3 + 2 + 1
아래위로 더한다	101 + 101 + 101 ·········· 101 + 101 + 101

101이라는 수가 100개 나온다.

101x100을 하면 10,100인데

1+2+3+···+98+99+100을 한 번씩 더 더했으니 ÷2를 하면 된다.

$$\frac{10100}{2} = 5050$$

"문섭아, 저분이 바로 수학의 왕자 가우스야."

문섭이가 감탄 어린 눈으로 가우스를 바라봤다.

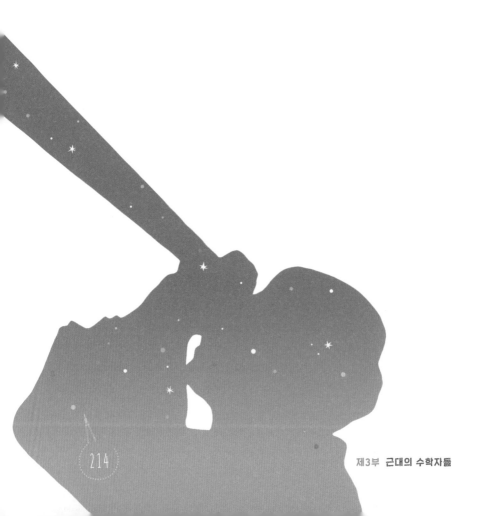

가우스는 1777년 독일에서 가난한 벽돌공의 아들로 태어났다. 그는 초등학교에 입학하자마자 수학에서 놀라운 실력을 발휘했다. 그의 뛰어난 실력을 알아본 선생님은 그를 페르디난트 공작에게 소개하여 공작의 후원 아래에서 교육비 걱정 없이 공부할 수 있게 해주는 등 여러 가지로 많은 도움을 주었다.

학창 시절 이미 정수론이나 최소제곱법 등을 발견해 천재성을 인정받은 가우스는 22세에 '모든 대수 방정식은 적어도 하나의 복소수 근을 가진다'라는 내용의 논문으로 박사 학위를 취득했다. 가우스는 그 외에도 가우스 기호, 가우스 함수 등 수많은 업적을 남겼다.

미국의 유명한 수학자 클라인[1]은 다음과 같이 말했다.

"역사상 아르키메데스와 뉴턴만이 가우스에 필적할 만한 위대한 수학자이다."

가우스는 60년 동안 연구하면서 10년은 산술의 기본 정리, 대수학의 기본 정리, 이차 상호 법칙, 정다각형의 작도를 증명했고, 그 후 최

---

1 로렌스 로버트 클라인(1920~2013): 미국의 경제학자이자 물리과학자로 1980년 노벨 경제학상 수상했다.

소제곱법과 가우스 곡률 기술을 개발했다.

가우스는 50자리 소수의 제곱근을 정확하게 계산하는 두 가지 방법을 개발했다. 그리고 비유클리드 기하에서 참이 되는 특성들을 발견했다.

또한 가우스는 같은 길이의 변과 같은 크기의 내각을 가진 정17각형을 작도하는 것이 가능하다는 것을 알아냈다. 여기서 말하는 작도는 눈금 없는 자와 컴퍼스만으로 도형을 그리는 것을 말한다. 그래서 이 정17각형의 작도가 대단한 것이다.

가우스의 박사학위 논문에서는 '한 변수에 관한 모든 유리적분함수가 1차 또는 2차 실인수로 분해될 수 있다는 새로운 증명'을 완벽하게 증명해냈다. 이에 대한 증명은 그동안 다수의 수학자들이 도전했지만 실패했던 내용이었다.

가우스의 유명한 저서로는 『정수론 연구』가 있는데 유럽의 뛰어난 수학자들은 이 책을 당대의 최고 걸작으로 칭송했다. 또한 가우스가 펴낸 천문학 이론에 관한 책인 『원뿔 곡선으로 태양 주변을 회전하는 천체의 움직임에 관한 이론』은 천문학자에게 유용하게 쓰였다.

『정수론 연구』 표지

가우스는 수학과 천문학뿐만 아니라 전기학, 자기학, 광학, 기계학, 음향학 등 광범위한 분야에서 다양한 업적을 쌓았다. 무엇보다 가우스가 전기학과 자기학에 공헌한 가장 중요한 부분은 가우스 법칙으로 알려진 원리를 개발했다는 것이다. 가우스 법칙은 단일 전자기 이론을 표현하는 4가지 맥스웰 방정식 중 하나다.

가우스는 동시대의 수학자들에게 '수학의 왕자'라 불리는 명예로운 지위를 누렸다. 동시대에 발생한 주요한 수학 문제들을 모두 풀어냈으니 그 지위에 손색이 없었다. 한마디로 위대한 수학자였다.

17
절대부등식의 일인자
코시

산술, 기하, 조화평균

a, b 가 양수일 때

$\dfrac{a+b}{2} \geq \sqrt{ab} \geq \dfrac{2ab}{a+b}$ (등호는 $a=b$일 때 성립)

증명

$a=\sqrt{a^2}$, $b=\sqrt{b^2}$ 이므로

$\dfrac{a+b}{2} - \sqrt{ab} = \dfrac{a+b-2\sqrt{ab}}{2} = \dfrac{(\sqrt{a}-\sqrt{b})^2}{2} \geq 0$

$\dfrac{a+b}{2} \geq \sqrt{ab}$

$\sqrt{ab} - \dfrac{2ab}{a+b} = \dfrac{\sqrt{ab}(a+b)-2ab}{a+b} = \dfrac{\sqrt{ab}(\sqrt{a}-\sqrt{b})^2}{a+b} \geq 0$

$\sqrt{ab} \geq \dfrac{2ab}{a+b}$

$$\text{따라서}\ \frac{a+b}{2} \geq \sqrt{ab} \geq \frac{2ab}{a+b}$$

"우아악, 이게 뭐야. 영어야, 수학이야. 증명이 뭐 이렇게 길어. 그리고 이거 꼭 증명해야 하나. 숫자만 봐도 지겨운데 영어로 증명까지 해야 해. 대체 어느 놈의 수학자가 만든 거야?"

문섭이의 발악에 놀라서 고글이 달려왔다. 문섭이가 가져온 증명 문제를 쳐다보며 말했다.

"아, 코시."

"코시? 코시가 뭔데?"

"절대부등식의 일인자, 코시를 네가 간절히 찾았잖아."

"이거 증명한 수학자가 코시라는 거야?"

고글은 설명 대신 문섭이의 손을 잡고 시간의 축을 날아갔다.

"여기가 어디지? 교실인 것 같기도 한데."

고글도 문섭이의 말에 주위를 한 번 휘둘러본다.

"근데 학생들이 다 어른이잖아. 할아버지도 있고."

고글이 웃으며 말했다.

"수학자들이야."

"그럼 연단에 있는 저 사람은?"

"그도 역시 수학자야."

수학자들이 모여 수학을 발표하는 강연 현장이었다.

문섭이가 갑자기 웃었다.

"푸하하, 수학자들도 수업 중에 자는구나. 반은 자고, 반은 졸려 죽을 것 같은 모습이네. 자기들도 학생의 입장이 되면 우리들과 마찬가지로 졸고 자고 하품도 하네."

"꼭 그런 것만도 아니야. 저 강연자가 코시 선생님이기 때문이야."

"왜, 코시 선생님이 어때서?"

"코시 선생님이 강연 한 번 하면 네다섯 시간은 기본이거든."

"헉, 네다섯 시간씩이나? 죽음의 강연이네. 코시 선생이라면? 혹시 코시-슈바르츠 부등식의 그 코시?"

"맞아. 코시-슈바르츠 부등식의 코시 선생님."

$$(a^2 + b^2)(x^2 + y^2) \geq (ax + by)^2$$

"아, 저 공식 본 적 있어. 저걸 이용해도 풀이하는 거 쉽지 않아. 저것도 나의 적이다."

문섭이가 씩씩거리는데 마침 쉬는 시간이 되었다. 모든 수학자가 강의실을 벗어났다.

한 수학자가 코시에게 다가가서 말했다.

"당신 강의는 너무 길어."

코시가 미안해하며 말했다.

"누구시죠?"

"뭐야, 나 논문 심사하는 과학아카데미 연구원인데 당신 논문은 너무 길어. 한 편에 40페이지씩이나 되다니. 우리 연구원들의 불만이 자자하다고. 그렇게 긴 논문을 일주일이 멀다하고 몇 편씩 보내니 원. 우리도 좀 쉬자고요. 앞으로 논문은 4페이지로 압축해줘요."

789편이나 되는 코시의 논문은 모두 엄청난 분량을 자랑했으니, 이런 불만이 나오는 것도 당연하다. 재미있는 건 이 사건 이후로 모든 수학자의 논문의 분량은 4페이지 이내로 합의했다고 한다.

10분간 휴식시간이 끝나고 코시의 강연이 다시 시작됐다. 그런데 문섭이와 고글만 남기고 모두 도망가버렸다. 코시는 금방이라도 울음을 터트릴 것만 같은 얼굴이었다.

아뿔싸, 영락없이 고글과 문섭이는 코시 선생님의 나머지 강연 두 시간을 연달아서 들어야 한다. 말이 두 시간이지. 뭘 알아야 흥미를 가지지.

문섭이가 '에라, 모르겠다. 그래도 교과서에서 들어본 내용이라면 조금 낫겠지?' 하는 생각에 말했다.

"선생님, 학생들도 없는데 그냥 코시-슈바르츠 부등식이나 가르쳐주세요."

고글이 문섭이에게 엄지 손가락을 척 들어보였다.

"그것 좋은 생각이다."

코시의 표정이 조금 환해졌다.

코시는 몇 가지 특정 조건에서 항상 성립하는 부등식을 연구했는데, 그것을 절대부등식이라고 부른다.

$$\text{모든 계수가 실수일 때,}$$
$$(a^2+b^2)(x^2+y^2) \geq (ax+by)^2$$

"자, 이제 증명을 해볼까?"

문섭이가 벌떡 자리에서 일어났다.

"아뇨, 그건 너무 어려워 보여요. 그냥 산술평균 기하평균을 증명해주세요."

고글이 말했다.

"야, 문섭아. 네가 어렵다고 한 그 증명을 해달라고 하면 어떡해."

문섭이가 고글을 향해 눈을 찡긋하며 속삭였다.

"칠판에 수식을 잔뜩 쓸 때 도망가자고."

코시가 말했다.

"학생들이 원한다면 내가 자비를 베풀어야지. 산술평균과 기하평균의 대소 관계를 보여줄게. 하지만 그림을 그릴 거다."

"엥, 수학시간에 뭔 그림?"

"도형을 말하는 걸 거야. 아마도."

그래도 그게 어디냐. 맨날 따분한 수식만 보다가 그림을 그려 설명해준다는 말에 문섭이의 귀가 쫑긋한다.

코시가 칠판에 그림을 그리자 고글이 문섭이에게 속삭였다.

"문섭아, 뭐 해. 달아나자며."

"아니, 산술평균 기하평균의 대소 관계를 수식 없이 그림으로 어떻게 나타내는지 보고 싶어."

고글이 흐뭇한 표정을 짓는다.

하지만 고글은 코시가 칠판에 그린 도형을 보고 탄복했다.

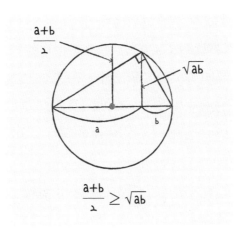

$$\frac{a+b}{2} \geq \sqrt{ab}$$

고글이 문섭이의 손을 잡고 시간의 축을 건너며 나중에 $\sqrt{ab}$가 나오는 이유는 피타고라스의 정리와 제곱근풀이를 배우면 이해하게 된다고 말해주었다.

19세기 프랑스를 대표하는 수학자 코시는 프랑스 혁명[1]이 일어난 해인 1789년 파리 근교의 작은 마을에서 태어났다. 신앙심 깊은 부모 아래에서 자란 코시는 홀로 책을 읽으며 시간을 보내는 일이 많았다.

당시 코시의 집 근처에 수학자 라플라스[2]가 살았는데, 그는 일찍이 코시의 수학적 재능을 발견하고 코시를 수학의 길로 접어들게 도와주었다.

프랑스 혁명이 일어난 지 10년이 지나자 프랑스는 점차 안정기에 접어들었다. 코시의 아버지가 복직하면서 코시는 파리 왕실의 옛 궁으로 이사한다. 그곳에서 코시는 당시 최고의 수학자인 라그랑주[3]를 만난다. 라그랑주 역시 코시의 수학적 재능에 탄복하고, 두 사람은 활발하게 교류한다.

코시는 가톨릭 신자이면서도 파가 다르다는 이유로 종교적, 정치적

---

1 프랑스 혁명: 1789년부터 1794년에 걸쳐 일어난 프랑스 시민혁명.
2 피에르 라플라스(1752~1833): 프랑스의 천문학자이자 수학자. 확률론·해석학 등을 연구하였으며 1773년 수리론을 태양계의 천체운동에 적용하여 태양계의 안정성을 발표하였다.
3 조제프 라그랑주(1736~1813): 프랑스 수학자로 해석 역학과 정수론에 큰 영향을 끼쳤다. 저서로『해석역학』이 있다.

으로 많은 시련과 고통을 받았다. 그런 이유로 교수직에서 쫓겨나기도 하지만 나폴레옹 3세의 즉위로 소르본느 대학 교수로 복직했다. 그리고 그곳에서 생을 마감한다.

코시는 현대수학을 발전시키는 데 공헌한 많은 업적이 있다. 그 분야로는 미적분학, 복소함수론, 대수학, 미분방정식, 기하학, 해석학 등이다. 고등학교 수학책을 보면 그의 이름을 딴 중요한 정리나 용어들이 즐비하다.

그의 이론은 수학에서 중요한 위치를 차지하고 있으며 현재까지도 널리 쓰이고 있다. 그는 미분과 적분의 개념을 잘 규정했고 다양한 함수들의 성질도 연구했다. 또한 해석학에도 많은 관심을 기울였다. 그가 처음으로 무한수열의 수렴조건을 연구했고 현재 사용되는 정적분의 정의를 내렸다.

••• 코시-슈바르츠 부등식

a, b, c, x, y, z가 실수일 때, 부등식

(1) $(a^2+b^2)(x^2+y^2) \geq (ax+by)^2$ (단, 등호는 $\dfrac{x}{a}=\dfrac{y}{b}$일 때 성립)

(2) $(a^2+b^2+c^2)(x^2+y^2+z^2) \geq (ax+by+cz)^2$ (단, 등호는 $\dfrac{x}{a}=\dfrac{y}{b}=\dfrac{z}{c}$일 때 성립)은 모든 실수에 대하여 성립하는 절대부등식이다.

(2)를 증명해 보자.

모든 실수 t에 대하여 $(at-x)^2+(bt-y)^2+(ct-z)^2 \geq 0$이므로 t에 대하여 정리하면

$$(a^2+b^2+c^2)t^2-2(ax+by+cz)t+(x^2+y^2+z^2) \geq 0$$

(i) $a^2+b^2+c^2 > 0$일 때, $\dfrac{D}{4} \leq 0$이어야 하므로

$$\frac{D}{4}=(ax+by+cz)^2-(a^2+b^2+c^2)(x^2+y^2+z^2) \leq 0$$

$$\therefore (a^2+b^2+c^2)(x^2+y^2+z^2) \geq (ax+by+cz)^2$$

(ii) $a^2+b^2+c^2=0$일 때, $a=b=c=0$이므로 부등식을 만족한다.

"우아, 웬일이니. 문섭이가 수학 공부를 다 하고."

"말 시키지 마. 나 필 받았어."

"근데, 어떤 수학 공부를 하는 거야?"

$$(A \cup B)^c = A^c \cap B^c, \quad (A \cap B)^c = A^c \cup B^c$$

고글이 문섭이가 공부하는 내용을 들여다보더니 말했다.

"아, 드 모르간 법칙!"

"그래, 이거 신기해. 괄호 안에 C가 나오거나 들어가면서 ∪는 ∩로 또는 반대로 바뀐다. 괄호 안의 C를 묶어낼 때도 그래. 요놈 신기하네."

고글은 요즘 문섭이가 수학을 재미있어하는 것 같아 흐뭇하기 그지없다. 하지만 한편으로는 이제 서서히 이별을 준비해야 한다고 생각하니 마음이 좀 무거워진다.

그런 사실을 전혀 알 길 없는 문섭이는 고글에게 투정을 부렸다.

"그런데 요즘 수학자들을 만나고 다니니 수학이 좀 재미있게 느껴지지만 수학시험은 여전히 무서워. 시험 안 치면 안 되나? 수학이 싫은 건 시험 때문이기도 하단 말이야."

고글이 짠한 눈으로 문섭이를 쳐다보다가 손을 내밀었다.

"문섭아, 자, 잡아."

둘은 시간의 축을 건너갔다.

"야야, 저런. 너희들 그러면 못써."

문섭이가 한 아이를 때리고 있는 아이들에게 달려갔다.

고글과 문섭이가 도착한 곳에서는 한 아이가 괴롭힘을 당하고 있었다. 문섭이가 공부는 잘 못해도 주먹 하나는 돌주먹이다.

괴롭히는 아이 중 제일 큰 녀석이 문섭이에게 달려들었지만 끄떡없었다. 문섭이의 돌주먹이 실력을 발휘했다. 큰 놈이 나가떨어지니 다른 조무래기들은 모두 달아나버렸다.

고글이 괴롭힘 당하는 아이에게 다가갔다.

"얘야, 너 괜찮니? 헉, 드 모르간!"

"형아, 고마워요. 근데 형아가 내 이름을 어떻게 알아요?"

아뿔싸, 시간의 절편을 너무 지나왔나 보다. 수학자 드 모르간의 어린 시절로 날아온 것이다.

드 모르간은 태어나면서부터 한쪽 눈이 보이지 않았다. 학교 성적도 별로 좋지 않았다. 게다가 일찍이 아버지마저 돌아가셨다. 그래서 늘 친구들에게 놀림을 받았다.

"문섭아, 시대를 잘못 날아왔어. 다시 내 손을 잡아."

고글과 문섭이는 다시 한번 시간의 축을 날았다.

"이번에는 제대로 온 것 같아."

런던 대학 전경이 보인다. 지금은 유니버시티 칼리지라고 불리지만, 당시의 이름은 런던 대학이었다.

고글이 지나가던 예쁜 여대생을 붙잡고 물었다.

"혹시 드 모르간 선생님이 어디 계신지 아세요?"

"아, 우리 대학 수학 교수님인데, 왜 그러니?"

문섭이가 놀라움을 드러냈다.

"헉, 시험을 두려워해서 학위도 없는 분이 수학과 대학 교수님이라고요?"

"얘가 뭘 모르는구나. 드 모르간 교수님이 얼마나 인기 많으신데."

고글이 말했다.

"맞아. 드 모르간 교수님은 단 한 편의 수학 관련 논문도 학위도 없지만 1828년 22세의 나이로 런던 대학의 수학 교수가 되셨지."

문섭이가 탐정처럼 눈을 번뜩이며 말했다.

"뭔가 이상해. 반드시 비리가 있을 거야. 학위도 없이 대학 교수라니. 말도 안 돼."

고글이 웃었다.

"하하, 좋아. 그럼 우리 문섭이가 명탐정인지 아닌지 확인하기 위해 드 모르간 교수님의 수업을 직접 들어보고 판단하자. 가자, 강의실로."

문섭이와 고글이 강의실에 다가갔다.

우하하하 하면서 강의실이 떠나갈 듯한 웃음소리가 터져 나왔다.

문섭이가 궁금해했다.

"뭐야, 강의실이 왜 이리 소란하지?"

문섭이와 고글이 강의실 뒷문으로 들어가서 보니 헉!

드 모르간 교수가 엉덩이로 짱구 춤을 추며 말했다.

"잘 들어. 나의 왼쪽 엉덩이는 집합 A, 오른쪽 엉덩이는 집합 B, 그리고 응가 지역은 A∩B. 하하하."

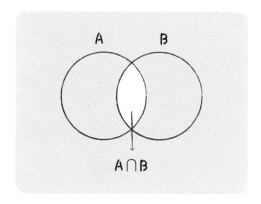

모두 드 모르간 교수의 수업을 즐겁게 듣고 있었다. 이렇게 분위기를 띄우던 드 모르간 교수가 이번에는 벤 다이어그램[1]을 이용해 드 모르간의 법칙을 증명해 보이고 있었다.

---

1 벤 다이어그램: 부분집합, 합집합, 교집합 따위의 집합 사이의 연산을 쉽게 설명하기 위하여 나타낸 도식으로, 영국의 논리학자 벤(J. Venn)이 고안하였다.

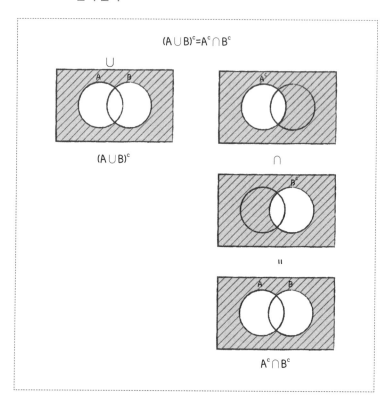

$(A \cup B)^c = A^c \cap B^c$

드 모르간 교수는 칠판 강의도 잘하셨다.

문섭이가 뭔가 깨닫고 고글의 손을 잡았다.

"나, 인정! 고글, 돌아가서 나도 수학 공부를 할 거야. 가자, 어서!"

오거스터스 드 모르간Augustus De Morgan, 1806~1871

근대 대수학의 개척자 중 한 사람인 드 모르간은 1806년 인도에서 태어났다. 그는 불행히도 태어나면서부터 한쪽 눈이 보이지 않았다. 그 때문에 학창 시절 성적은 좋지 못했다. 게다가 이렇다 할 재능도 마땅히 없었으며, 10세 때 아버지를 잃는 슬픔까지 겪었다.

그런 그도 관심 분야가 있었다. 바로 수학이다. 그는 대학에 다니는 동안 수학에만 몰두했다. 하지만 어릴 적의 트라우마 때문에 시험을 치는 것을 극도로 두려워해 대학에 다니는 동안 학위 시험을 한 번도 치르지 않았다. 비록 학위는 따지 않았지만 수학에 대한 순수한 애정으로 자유롭게 연구에 매진했다.

이러한 순수한 애정과 열정 덕분이었는지 드 모르간은 논문도 하나 없고 학위도 없었지만 1828년 22세의 나이로 런던 대학 수학 교수가 되었다. 드 모르간은 수학을 재미있게 가르치기로 소문이 나, 그의 강의는 학생들 사이에서 큰 인기를 끌었다. 또한 유클리드 기하학, 산술 대수 등 쉽사리 이해하기 어려운 책들을 학생들이 이해하기 쉽도록 풀어쓴 책을 출간하는 등 수학 교육의 새로운 방법을 제시하기도 했다.

그 후 30여 년을 그곳에서 보내며 학장까지 지낸 그는 1866년 교수직을 사임하고 런던 수학협회의 초대 회장직을 지내기도 했다.

드 모르간은 집합이나 명제를 추상적인 기호로 표현했다. 그는 수학적 귀납법을 처음으로 정의했으며 집합연산의 기초적인 법칙인 '드 모르간의 법칙'을 만들었다.

●●● 드 모르간의 법칙

전체집합 U의 두 부분집합 A, B에 대하여 $(A \cup B)^C = A^C \cap B^C$가 성립함을 벤 다이어그램을 이용하여 다음과 같이 확인할 수 있다.

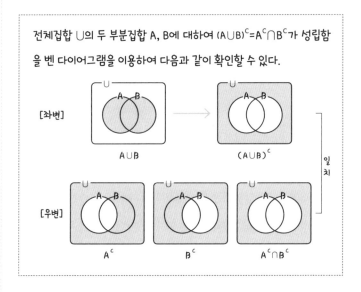

그는 수학, 논리학, 철학, 확률론 등 여러 분야에 걸쳐 수천 권의 저서를 남겼다. 특히 수학사를 바로 알아야 한다는 목적에서 수학자의 일대기와 수학사의 발자취를 기록한 『수학실록』을 출간하기도 했다. 그의 타고난 재치와 명쾌한 해설로 이루러진 『패러독스 묶음』은 오늘날에도 재미있게 읽히는 베스트셀러다.

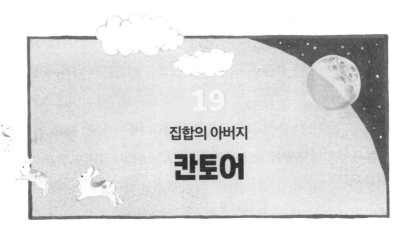

19

집합의 아버지

칸토어

- 집합: 어떤 조건에 의하여 그 대상을 분명히 알 수 있는 것들의 모임
- 집원소: 집합을 구성하는 대상 하나하나

집합과 원소의 관계

- a가 집합 A의 원소일 때, a는 A에 속한다고 하며 기호로 $a \in$ A와 같이 나타낸다.
- b가 집합 A의 원소가 아닐 때, b는 A에 속하지 않는다고 하며 기호로 $b \notin$ A와 같이 나타낸다.

집합을 나타내는 방법

- 원소나열법 : $\{a, b, c\}$와 같이 집합 기호 $\{ \quad \}$ 안에 모든 원소를 나열하는 방법

문섭이는 집합의 개념이 이해도 안 되고 수많은 기호들로 괴롭기만 하다. 원소와 집합의 관계로 암기할 것도 많다며 입이 펠리컨처럼 툭 튀어나왔다. 집합의 기호는 어떤 미친놈의 수학자가 만든거냐며 고글에게 항의하자, 고글은 문섭이의 손을 잡고 1시간은 60분, 1분은 60초라는 시간 속으로 여행을 떠났다.

"우아악, 악 악 악 악, 푸하하하. 히히."

문섭이는 텅 빈 하얀 복도에서 울려 퍼지는 고함소리와 미친 웃음소리에 벌벌 떨었다.

"고글, 대체 여기가 어디야? 나 겁나게 무서워."

"음, 여기는 정신병원이야."

"야, 이 미친놈아. 나를 왜 정신병원으로 데려온 거야. 나 골탕 먹이려고 그러는 거지?"

"쉿, 조용히 하고 날 따라와."

문섭이는 고글이 이끄는 대로 고분고분 따라갔다. 혼자 있기엔 주변이 너무 으스스했기 때문이다.

1004호 병실.

똑똑똑.

고글이 노크한 후에 병실 문을 열었다. 병실에는 머리가 헝클어진 남자가 환자복을 입은 채 앉아 있었다.

"칸토어 선생님?"

"음, 나를 아시오?"

"네, 선생님. 최고의 수학자이시잖아요."

"나를 놀리는 것 아니지요? 나는 안 미쳤다구요."

"맞아요. 선생님의 집합에 대한 무한이론은 이곳 독일에서는 인정받지 못하겠지만 머지않아 영국에서 대단한 인정을 받게 될 것입니다."

고글의 말에 칸토어 선생은 표정을 달리하며 외쳤다.

"간호사! 거기 간호사, 있나요? 여기 미친놈 있어요. 데려가시오."

고글이 당황해서 얼른 말했다.

"선생님, 두 집합을 대응시킬 때 원소 하나에 딱 하나만을 대응시키는 일대일 대응! 그것이 선생님이 추구하신 방법이잖아요."

일대일 대응이란 말에 칸토어 선생이 목소리를 다시 낮췄다.

"당신들은 누구시오?"

"선생님을 존경하는 학생들입니다."

"자네들 집합을 알고 있나?"

고글이 문섭이를 가리키며 말했다.

"이 친구가 어떤 미친놈의 수학자가 집합을 연구했냐고…… 읍."

문섭이가 고글의 입을 틀어막으며 말했다.

"선생님은 수학자이신데 정신병원에는 왜 계신 거예요? 복장을 보니 의사 선생님 복장은 아닌 것 같은데요."

칸토어가 문섭이 일행을 안으로 들어오게 하고 주변을 살피며 문을 닫았다. 그러고는 약간 불안한 눈빛으로 말문을 열었다.

"나는 무한을 연구하는 수학자거든."

"무한이라고요? 무한 집합할 때 그 무한, 무한대 할 때 그 무한이요?"

"쉿, 목소리 낮춰. 무한을 이야기하면 나처럼 잡혀간단 말이야."

고글이 나서서 말했다.

"문섭아, 맞아. 그 당시에 수학에서 무한 개념을 다루는 것은 정신병자로 취급받을 수 있는 내용이었어."

칸토어는 목소리를 낮추었다.

"너희들, 자연수 집합과 짝수 집합이 같은 것은 알고 있니?"

문섭이의 동공이 살짝 흔들렸다.

"에이, 말도 안 돼. 자연수에는 짝수도 있고 홀수도 있는데, 어떻게 자연수와 짝수가 같아요? 정신병원에 있을 만하네. 읍……."

이번에는 고글이 문섭이의 입을 막으며 말했다.

"선생님은 일대일 대응 방식으로 그것을 증명하신 거죠?"

칸토어가 깜짝 놀라며 말했다.

"자네는 수학자인가? 그걸 어떻게 알게 됐지?"

미래에서 온 고글이 칸토어의 수학 이론을 알고 있었으니 칸토어가 놀라는 것도 당연했다. 하지만 당시에는 이런 주장이 굉장히 파격적인 것이었으므로 까딱 잘못했다가는 수학자들에 의해 조롱을 받거나 멸시를 받았다. 칸토어가 정신병원에 감금된 것도 그의 무한에 대한 연구 때문이었다.

고글이 칸토어에게 말했다.

"선생님이 밝혀낸 짝수와 자연수가 대등한 방법을 배우고 싶어요."

이제 칸토어가 약간의 경계를 푸는 것 같았다.

"너희들 나를 비방하는 수학자들이 보낸 첩자는 아닌 게 분명해 보이는구나."

고글은 문섭이의 얼굴을 칸토어에게 들이대며 말했다.

"이런 얼굴의 첩자를 보신 적이 있나요?"

"그래, 맞아. 저런 멍청한 얼굴이 첩자일 리가 없지. 그럼 내가 발견한 짝수와 자연수가 일대일 대응으로 같다는 이론을 가르쳐주지."

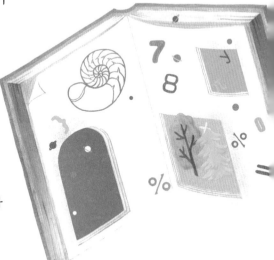

●●● **집합론**

> 짝수 전체의 집합 {2, 4, 6, 8,……}은 어떻게 자연수 집합과 일대일 대응 관계가 성립할까?
>
> 단순히 생각해보면 짝수는 자연수의 일부이니까 일대일 대응 관계가 성립하지 않을 것 같지만, ÷2라는 연산을 통해 일대일 대응이 가능해진다.
>
>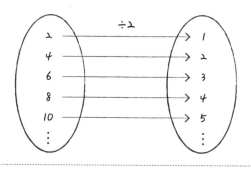

문섭이가 고개를 갸웃거리며 말했다.

"뭐야, 맞는 것 같기도 하고 아닌 것 같기도 하네."

"문섭아. 이건 수학적으로 확실히 옳은 거야. 일대일 대응을 시킬 수 있으면 두 집합은 같다고 볼 수 있어."

"그런데 자연수의 일부인 짝수랑 똑같아진다는 게 내 머리로는 이해가 안 돼."

칸토어가 말했다.

"그게 바로 내가 연구한 무한의 신비. 비밀은 두 집합이 모두 다

무한집합[1]이라는 것에 있지."

칸토어는 고글과 문섭이에게 무한의 비밀을 풀어놓았다.

"자연수 1, 2, 3, 4, 5, 6…… 하면서 끝없이 나아가면 미처 홀수
에 대응시킬 여유도 없이 2, 4, 6, 8, 10…… 하면서 끝없이 대응되
어가지. 그럼, 봐라. 홀수에 대응시킬 여분도 없이 모든 대응이 맞
아간다고. 짝수가 멈추지 않는데 어떻게 홀수에 대응시킬 차례가
있겠니. 그래서 이 둘은 서로 대응이 같은 집합이 되는 거지."

문섭이가 칸토어를 노려보며 소리쳤다.

"미친 사람 맞잖아."

고글이 문섭이 뒤통수를 한 대 쳤다.

"말 함부로 하지 마. 칸토어 선생님의 수학적 업적은 현대 수학
의 기초를 제공했고 수학의 놀라운 발전에 큰 공헌을 했다고."

현대로 되돌아온 후, 고글이 문섭이의 머리를 어루만지면서 말
했다.

"문섭아, 때려서 미안. 하지만 후대에 칸토어 선생님의 무한 개
념은 철학적 사고의 전환을 가져왔고 자연과학뿐 아니라 인문과
학에까지 큰 영향을 끼쳤어. 혹자는 '위대한 혁명'으로 묘사하기도
했어."

---

1 무한집합(無限集合): 원소의 개수가 무수히 많은 집합을 일컫는다.

"그렇다고 눈알 튀어나오도록 때리면 어떡해?"

"진짜 미안해. 하지만 그 당시 그의 업적은 많은 수학자들에 의해 배척됐고 스승 크로네커마저도 그를 공격했어. 그 때문에 칸토어 선생님은 정신병원에 입원했던 거야. 결국 정신병원에서 생을 마감하셨어."

그러자 이번에는 문섭이가 미안함에 고개를 숙였다.

집합론을 창시한 수학자 칸토어는 1845년 러시아 상트페테르부르크에서 태어났다. 어렸을 때부터 칸토어는 다른 과목보다 수학을 특히 좋아했다. 하지만 미래가 불투명한 학자의 길을 걷기보다는 사회에서 성공한 사람이 되기를 바랐던 아버지의 뜻에 따라 1862년 취리히 공과 대학으로 진학한다.

그렇지만 칸토어가 대학에 적응하지 못하고 방황하자 이를 보다 못한 아버지는 그가 계속해서 수학 공부를 할 수 있도록 허락해주었다. 그는 베를린 대학으로 옮겨 당시 유명한 독일의 수학자 바이어슈트라스[2]와 크로네커[3]에게 가르침을 받고 본격적으로 수학자의 길을 걷는다.

대학에서 그의 주요 관심사는 정수론이었다. 특히 무한급수가 특정한 값에 가까워지면 어떻게 될까, 즉 수렴에 관한 연구를 했다. 그러다가 마침내 그는 무한 개념을 연구하게 되었다. 무한에 대한 도전이 불행한 결과를 초래한다는 사실을 꿈에도 모른 채 말이다.

---

2 카를 바이어슈트라스(1815~1897): 독일의 수학자로, 현대 함수이론의 창시자 중 한 사람으로 현대 해석학의 아버지로 불린다.
3 레오폴트 크로네커(1823~1891): 독일의 수학자이자 논리학자로, 1883년 베를린 대학 교수가 되었다. 증명의 엄밀성을 주창하고, 수를 자연수로 환원하며, 무한 개념을 배제했다.

칸토어가 29세가 되던 해 자신의 가장 중요한 업적 중 하나인 집합론을 발표했다. 집합론은 많은 수학자들에게 커다란 충격을 주었다. 그 당시 인간이 무한을 다룬다는 것은 불경한 일이었다. 무한은 신의 영역이었으니까. 하지만 그는 아랑곳하지 않고 무한을 분류하기도 하고 분류한 것끼리 셈하고 크기까지 비교했다.

칸토어는 집합론을 발표한 후 생활이 완전히 힘들어졌다. 많은 사람에게서 비난이 쏟아졌다. 심지어 그의 스승인 크로네커조차도 "칸토어의 논문은 수학이 아니다"라며 맹렬히 비난했다. 압박을 심하게 받은 칸토어는 이때부터 정신병원을 들락날락했다. 그의 나이 겨우 40세 전후였다.

하지만 그런 그의 곁을 버팀목처럼 지켜준 친구가 있었다. 그는 바로 독일의 수학자 데데킨트[4]다. 칸토어가 집합론을 완성시킬 수 있었던 힘도 데데킨트의 덕분이었다.

사람들은 아주 오랜 세월이 지나서야 비로소 그의 업적을 제대로 인정해주었다. 하지만 그때 이미 칸토어의 병이 깊을 만큼 깊어진 상태였다. 그는 시골의 한 정신병원에서 쓸쓸히 생을 마감했다. 하지만 그의 눈부신 업적은 20세기의 모든 수학의 기초를 세우는 데 큰 공헌을 했다.

---

4 리하르트 데데킨트(1831~1916): 독일의 수학자로, 해석학과 대수적 수론의 기초를 놓았다.

칸토어의 업적 가운데 가장 뛰어난 것을 꼽으라면 단연 집합의 활용에서 찾을 수 있을 것이다.

물리학에서 보면 분자를 구성하는 원자들의 집합이라는 말을 쓴다. 같은 종류 또는 다른 종류의 원자 여러 개가 결합하여 하나의 분자가 구성된다. 예를 들면 황 원자 1개와 산소 원자 1개가 결합하여 일산화황 분자가 되고, 질소 분자 1개와 수소 원자 3개가 결합하여 암모니아 분자가 되며, 수소 원자 2개와 산소 원자 1개가 결합하여 물 분자가 된다. 우리는 이런 분자들의 모임을 원자들의 집합으로 헤아려 나갈 수 있다. 이 또한 집합론의 활용이다.

칸토어의 집합론은 실생활에서도 활용된다. 예를 들어 보자.

월드컵 축구 대회에 출전하는 각 나라의 대표선수의 수는 23명이며 각 경기에서 뛸 수 있는 선수의 수는 11명이다. 또한 3명의 선수까지는 교체가 가능하다. 어느 월드컵 경기에서 전반전에 경기를 뛴 선수의 수가 12명이라 할 때, 후반전에 경기를 뛴 선수의 수의 최댓값을 구하여라. 단, 중간 휴식 시간에 선수 교체는 없는 것으로 한다.

만약 칸토어가 이 문제를 보았다면 다음과 같이 답을 찾지 않았을까?

우리나라 대표 선수의 집합을 U, 전반전에 경기를 뛴 선수의 집합을

A, 후반전에 경기를 뛴 선수의 집합을 B라고 하면 3명의 선수까지 교체가 가능하다.

$11 \leq n(A) \leq 14$, $11 \leq n(B) \leq 14$

$11 \leq n(A \cup B) \leq 14$

그런데

$n(A) = 12$이므로 $n(A-B) = 1$에서

$n(A) - n(A \cap B) = 1$

$n(A \cup B) = n(A) + n(B) - n(A \cap B)$에서

$11 \leq n(B) + 1 \leq 14$

$10 \leq n(B) \leq 13$

$\therefore 11 \leq n(B) \leq 13$

따라서 후반전에 경기를 뛴 선수는 최대 13명이다.

246

20

페르마의 마지막 정리를 풀어낸
와일즈

타원의 정의

평면 위의 서로 다른 두 점 F, F'으로부터의 거리의 합이 일정한 점의 집합을 타원이라 하고, 두 점 F, F'을 타원의 초점이라고 한다. 오른쪽 그림과 같이 두 초점을 지나는 직선이 타원과 만나는 점을 각각 A, A'이라하고, 선분 F, F'의 수직 이등분선이 타원과 만나는 점을 각각 B, B'이라 하면 네 점 A, A', B, B'을 타원의 꼭짓점이라고 한다. 이때 선분 AA'는 타원의 장축, 선분 BB'을 타원의 단축이라 하고, 장축과 단축이 만나는 점을 타원의 중심이라고 한다.

---

(1) 두 초점 $F(c, 0)$, $F'(-c, 0)$으로부터의 거리의 합이
  $2a(a>c>0)$으로 일정한 타원의 방정식은 $\dfrac{x^2}{a^2}+\dfrac{y^2}{b^2}=1$
  $(b^2=a^2-c^2, b>0)$이다.

  이때 두 초점은 $F(\sqrt{a^2-b^2}, 0)$, $F'(-\sqrt{a^2-b^2}, 0)$이
  고, 장축의 길이는 $2a$, 단축의 길이는 $2b$이다.

(2) 두 초점 $F(0, c)$, $F'(0, -c)$로부터의 거리의 합이
  $2b(b>c>0)$으로 일정한 타원의 방정식은 $\dfrac{x^2}{a^2}+\dfrac{y^2}{b^2}$
  $=1(a^2=b^2-c^2, a>0)$이다.

  이때 두 초점은 $F(0, \sqrt{b^2-a^2})$, $F'(0,-\sqrt{b^2-a^2})$이고,
  장축의 길이는 $2b$, 단축의 길이는 $2a$이다.

우웩, 문섭이가 토하고 있다.

고글이 놀라 달려왔다.

"문섭아, 왜 그래. 뭘 먹은 거야?"

고글이 문섭이의 등을 두드려주자 금세 진정을 보였다.

"문섭아, 너 혹시 뭐 잘못 먹었니?"

"아니, 달걀 알레르기가 있긴 하지만 그걸 먹지는 않았어."

"그런 왜?"

"고등학교 수학 교과서를 보는데 타원방정식이 있잖아."

"타원 방정식?"

"내용이 너무 어려워서 토를 했지 뭐야. 그 모습이 달걀을 닮기

도 했고.”

“아이코, 우리 문섭이 달걀 알레르기에 타원방정식 알레르기 하
나 더 추가되었구나.”

고글이 문섭이의 타원방정식 알레르기를 치료하기 위해 문섭이
를 데리고 시간의 축을 넘어갔다.

1950년대 후반의 시대에 도착했다. 약간 시골 같은 풍경에 오래
된 건물이 눈에 들어왔다. 고글을 따라 들어간 곳을 둘러본 문섭이
가 광분했다.

“재 뭐야? 쉬는 시간에 수학문제를 풀고 있다니. 제정신인가?”

“하하하, 문섭아. 너무 흥분하지 마. 저분이 바로 앤드루 와일
즈야.”

“앤드루 와일즈?”

“페르마의 마지막 정리를 해결한 수학자!”

“아! 300년간 난공불락의 문제였다는 페르마의 마지막 정리를
푼 사람이 바로…….”

“그래. 저 학생이 후에 수학 교수가 되어 그 문제를 해결하는
거야.”

n이 3 이상의 정수일 때, $x^n + y^n = z^n$을 만족하는

양의 정수 x, y, z는 존재하지 않는다.

이것이 바로 '페르마의 마지막 정리'이다. 당시까지 300년 이상 아무도 증명하지 못한 채 남겨진, 말 그대로 '최후의 문제' 중 하나다. 1986년 '이 한 문제 해결을 위해 10년을 바칠 계획'이라고 마음먹고 매달려 온 앤드루 와일즈는 1994년 드디어 그 끝을 보았고, 수학자 세계에 자신의 이름을 명확하게 올렸다.

문섭이 그제야 존경의 눈으로 바라본다.

"저 교수가 바로 성장한 앤드루 와일즈."

"빙고! 저분이 바로 앤드루 와일즈, 페르마의 마지막 정리를 해결한 수학자!"

고글은 문섭이를 보며 빙긋 웃더니 다시 문섭이의 손을 잡고 시간의 축을 넘었다.

"우웩, 이번에는 왜 여러 번 시간의 축을 넘는 거야. 멀미난단 말이야."

"연구하는 장면은 엄청 지루하잖아."

1993년 6월 23일, 케임브리지 아이작 뉴턴 연구소에는 당대 최고의 수학자들이 모두 모여 있다. 그리고 칠판 앞에는 앤드루 와일즈가 서 있다. 그는 벌써 몇 시간 동안이나 문제를 증명하기 위해 땀을 뻘뻘 흘리며 애쓰고 있다.

그들을 바라보던 문섭이가 웃음기 가득한 목소리로 이야기한다.

"우하하, 저기 졸고 있는 몇몇 사람들, 수학자들 맞지?"

"맞아. 수학자들도 강의가 어려우면 종종 졸기도 해. 학생들과 다르지 않아. 자신의 전문 분야가 아닌 부분은 잘 모르기도 하고 말이야. 수학자라고 해서 수학을 다 아는 것은 아니거든."

"하하하, 우리랑 별반 다르지 않네."

"하지만 문섭아, 수학자들은 매일 공부한단다. 학생들 중에서도 매일 공부하는 학생이 있는 반면 너처럼 매일 놀기만 하는 학생도 있는 것처럼 말이야."

그때 갑자기 우레와 같은 박수 소리가 들렸다.

그 소리에 문섭이가 화들짝 놀란다.

"무슨 소리야?"

마침내 300년간 철옹성처럼 굳게 닫혀 있던 문제가 앤드루 와일즈에 의해 증명되는 순간이었다. 그 자리에 있던 수학자들은 모두 자리에서 일어나 오랜 숙원을 이룬 그에게 존경의 박수를 보냈다.

그런데 그로부터 며칠 후.

"어, 이건 아닌데? 뭔가 이상해."

앤드루 와일즈의 얼굴에 먹구름이 끼었다.

문섭이가 먼저 궁금함을 보였다.

"와일즈 교수님이 왜 그러시는 거야?"

이 이야기의 결과를 알고 있는 고글은 가만히 있을 뿐이었다.

"뭐라고 말 좀 해 봐. 고글, 너는 알고 있잖아."

마침내 터져 나오는 앤드루 와일즈의 절규가 들렸다.

"오류다. 이 증명은 완벽하지 않아. 이걸 어쩌지……."

와일즈의 절규를 뒤로한 채 고글이 다시 문섭이의 손을 잡으며 서둘러 시간의 축을 건넜다.

"아, 정말 이번 여행 진짜 힘드네. 왜 자꾸 시간의 축을 넘는 거야!"

"그럼, 넌 교수의 절망의 시간을 함께하고 싶니? 그것도 1년 동안이나 말이야."

"아, 그건 반대! 빨리 가자."

이제는 1994년 9월, 이번에도 한 강의실에 수학자들이 모여 있다. 몇몇 수학자는 여전히 졸고 있다. 앤드루 와일즈 교수는 열심히 뭔가를 풀고 설명을 덧붙였다. 모든 증명을 마친 와일즈는 단호한 표정으로 말했다.

"이번에는 확실한 증명입니다. 여러분 확인해보세요."

몇 분간의 정적이 흘렀다.

하나둘 자리에서 일어나더니 1년 전처럼 모두 존경의 박수를 보냈다.

문섭이가 걱정 어린 얼굴로 말했다.

"이번에는 확실한 거지?"

"물론, 확실한 증명 맞아. 축하드리자!"

고글의 문섭이의 손을 잡으며 설명했다.

"페르마의 마지막 정리 증명에 결정적인 역할을 한 것이 바로 문섭이가 알레르기를 일으킨 타원방정식이야."

"그래? 타원방정식이 300년 동안이나 난공불락이었던 페르마의 마지막 정리를 해결하는 데 도움이 되었다고?"

문섭이는 알쏭달쏭한 듯하지만 환한 표정을 지었다.

시간의 축을 건너 다시 현대로 돌아온 문섭이와 고글. 사이좋게 달걀 프라이를 해먹고 있다. 드디어 문섭이가 달걀 알레르기를 극복한 모양이다.

앤드루 와일즈 Andrew John Wiles, 1953~

앤드루 와일즈는 1953년 영국 케임브리지에서 태어났다. 그는 케임브리지 대학 클레어 칼리지의 학장이었던 아버지의 영향으로 어릴 적부터 수학을 좋아했다. 수학 정복을 위한 자신만의 목표를 세우기도 했다. 이를테면 '열 살이 되면 페르마의 마지막 정리를 꼭 해결하겠다' 같은.

1974년 옥스퍼드 대학에서 학사 학위를 취득하고 1977년 케임브리지 대학의 클레어 칼리지에서 연구원 생활을 한다. 그는 그가 전공한 대수적 기술을 이용하여 페르마의 마지막 정리를 해결할 토대를 만들어 나가기 시작했다.

와일즈와 코츠는 페르마의 마지막 정리를 공략할 기초로 타원곡선을 연구한다. 그 후 1986년부터 1993년까지 와일즈는 단 하나 페르마의 마지막 정리에만 몰두했다. 그렇게 그는 페르마의 마지막 정리라는 난공불락의 문제를 정복했다.

수학자로 성장한 앤드루 와일즈는 어릴 적 꿈을 놓지 않고 연구를 계속하여 1993년 6월 23일 많은 수학자들이 지켜보는 가운데 케임브리지의 아이작 뉴턴 연구소에서 페르마의 마지막 정리를 증명했다. 하지만 그의 증명에는 오류가 있었다. 실패에 굴하지 않고 연구에 전념

한 그는 그다음 해인 1994년 9월에 페르마의 마지막 정리를 완벽하게 증명해냈다.

앤드루 와일즈는 41세의 나이에 각종 상과 상금을 받고 기사 작위까지 받았다. 하지만 수학자에게는 최고의 상으로 일컬어지는 필즈상만은 받지 못했다. 필즈상은 만 40세 미만의 수학자에게 주는 상이었기 때문이다. 그렇지만 그가 수학사에 기여한 업적이 매우 크다고 판단한 국제수학연맹(IMU)은 1998년 필즈상 대신 기념 은판을 수여했다고 한다. 이 외에도 1995년 페르마상, 1995년 울프상, 2016년에는 아벨상을 수상했다.

부록

동양의 수학자들

"고글, 내 수학 교과서 네가 치웠어?"

고글이 의아해하며 물었다.

"우아, 문섭이가 웬일이야? 수학을 다 공부하려고?"

"무슨 말 같지도 않은 소리를. 잠이 안 와서 수학책 보려는 건데."

"에~, 잠이 안 와서 수면제처럼 사용하기 위한 수학책?"

"당연하지. 또 다른 용도도 있어. 베고 자면 완전 수면 베개가 되기도 해."

"와, 문섭이는 정말 수학책을 다양한 용도로 쓰는구나."

"하나 더 알려줄까? 라면 냄비 받침대로 사용해도 아주 좋아."

고글이 문섭이의 입을 한 손으로 막고 다른 한 손은 잡고서 시간의 축으로 날아갔다. 그들은 시간의 축을 지나며 홍정하를 만나기 전 예비지식을 그들의 머릿속에 다운받기 시작했다.

"푸하하, 뭐야 저건. 남자들이 모두 올림머리를 했잖아."

고글이 웃으며 설명해주었다.

"아, 저 머리 스타일. 옛날 조선시대의 남자들은 머리를 묶어 상투라는 것을 틀어 올렸거든."

"왜?"

"그 당시 풍습이 자신의 몸은 부모님에게 물려받았다 하여 머리카락 한 올도 마음대로 자르지 않았어. 그래서 이렇게 머리를 묶어 틀어 올린 것을 상투라고 불렀지."

이때, 포졸들이 나타났다.

"이놈들 옷이 이상한 걸 보니 타국의 첩자들이로구나!"

문섭이는 자신의 의상이 최신 유행의 옷인데 옷이 이상하다는 말에 감정이 상했다.

"무슨 소리예요. 아저씨들의 옷이 더 이상해요. 신발은 그게 뭐예요. 짚으로 만든 신이잖아요."

"아무래도 안 되겠다. 이 둘을 포박하여 포도청로 끌고 가세."

포도청은 지금의 경찰서 같은 곳이다.

문섭이와 고글이 잡혀간 포도청은 상당히 분주했다. 중국에서 사신이 와서 비상근무를 하고 있었기 때문이다. 그래서 문섭이와 고글을 투옥시키고도 거의 신경을 못 쓰고 있었다.

문섭이가 화를 냈다.

"우이씨, 아무도 신경을 안 쓰네. 그래도 밥은 줘야 할 거 아냐."

전기를 먹어야 하는 고글은 돌끼리 부딪쳐 발생하는 그 작은 전기를 삼키며 버텼다.

"아, 전기뱀장어라도 한 마리 푹 삼아 먹고 싶다."

그러던 차에 밖에서 옥사를 지키던 두 포졸의 대화를 듣게 되었다.

"청나라 사신이 또 우리나라에 와서 트집을 잡는다네……."

"정말 약한 나라는 맨날 괴롭힘을 당하는구나."

"그런데 이번 사신은 좀 사이코래."

"왜?"

"조선의 산학 실력을 알아보고 싶어 한대."

"산학이 뭐야?"

고글이 문섭이에게 물었다.

"산학은 요즘의 수학이라고나 할까."

문섭이는 모처럼 고글의 질문에 답하고는 우쭐해했다.

"청나라 사신은 누구기에 조선의 산학 실력을 알고 싶대."

"하국주[1], 중국 최고의 수학자야."

"그래서?"

이때 포졸이 다가와 소리쳤다.

"어이, 거기, 이상한 놈들 떠들지 좀 마."

문섭이는 화가 났다.

"쳇, 그래도 우린 산학은 좀 한다고요."

고글이 놀란 눈으로 문섭이를 쳐다보며 말했다.

"니가? 수학이 된다고?"

아뿔싸, 문섭이가 괜히 열 받아 내뱉은 빈말에 포졸이 좋아라
했다.

"그래? 진짜냐? 그럼 너 나랑 포도대장 만나러 가자."

문섭이가 곤란한 얼굴로 더듬거리며 말했다.

"그게, 저, 홧, 김, 에."

"뭐라는 거야. 이리 나와."

---

1 하국주(何國柱): 중국 청나라의 최고의 천문학자이자 수학자.

그렇게 고글과 문섭이는 포도대장의 특명을 받고 말에 올랐다.

고글은 문섭이를 쳐다보며 말했다.

"말을 타는 것은 신기하고 재미나지만……."

"모르겠다. 죽이기야 하겠어? 혹시 알아? 나중에 나의 찍신이 발동할지."

"무슨 소리야. 수학시험에서는 찍신이 통할지 몰라도 이건 청나라 수학자와의 대결이라고."

"모르겠다. 이랴!"

조선의 서울 한양, 궁궐 안이다.

모두 고개를 숙이고 있는데 청나라 사신인 하국주만이 머리를 빳빳이 들고 있다.

문섭이가 불만스럽다는 듯이 말했다.

"저자도 나처럼 못생겼는데 머리를 빳빳이 들고 있네. 나도 머리 들어야지."

옆에 있는 군졸이 소리쳤다.

"무엄하다. 감히 고개를 들다니."

"저자도 나처럼 생겼는데 머리를 들고 있잖아요."

"저자는 청나라 사신이고 수학자다."

고글이 문섭이의 고개를 숙이게 하고 속삭였다.

"당시 청나라는 강대국이라 상당히 건방졌어. 사신들마저도 왕

앞에서 까불었고, 더욱이 저 하국주라는 자는 한국의 수학을 깔보고 한국을 조롱하기 위해 온 자야."

"저런 쳐죽일 놈! 아무리 강대국이라지만 남의 나라 문화와 왕을 깔보려 하다니 참, 싸가지 없군."

하국주가 문섭이의 말을 들었는지 째려보며 말했다.

"저, 쬐끄만 조선인이 나랑 수학 대결을 할 자인가?"

문섭이가 자신을 가리키며 중얼거렸다.

"나? 쬐끄만 것은 맞지만, 내가 수학 대결을 한다고?"

고글이 걱정스럽게 문섭이를 쳐다보았다. 상대는 청나라 수학자 하국주다.

"멈추시오. 그자는 당신의 상대가 아닙니다. 제가 상대해 주겠습니다."

왕이 목소리가 들리는 곳으로 고개를 돌리더니 반겼다.

"자네는 조선의 수학의 신 아닌가. 어서 오게, 홍정하!"

하국주는 콧방귀를 뀌었다.

"흐흐, 과장도 심하군. 수학의 신이라고? 자네 이름이 홍정하인가?"

홍정하는 건방진 하국주의 말에 아랑곳하지 않았다.

"네, 제가 홍정하입니다."

고글의 얼굴에 미소가 퍼졌다.

"홍정하 선생님이라면 해볼 만해."

"홍정하 샘이 수학 잘해?"

고글은 문섭이에게 우리 이 대결 한번 지켜보자는 의미의 눈짓을 보냈다.

청나라 사신 하국주가 먼저 문제를 냈다. 조선의 수학 실력을 아주 얕잡아본 것 같았다.

360명이 있다. 한 사람마다 은 1냥 8전을 내면, 그 합계는 얼마인가?

"문제가 뭐 이리 쉬워."

그러면서 문섭이가 크게 웃음을 터뜨렸다.

고글은 얼른 문섭이의 입을 막으며 말했다.

"문섭아, 이건 역사이기 때문에 우리가 절대 관여해선 안 돼. 지켜보기만 해."

이때 왕이 말했다.

"거기, 노비 같은 아이는 입을 좀 다물고 있거라. 홍정하는 답하라."

"네, 전하. 1냥이 10전이니까. 은 1냥 8전은 18전입니다. 그래서 360×18=6480전이고 냥으로는 648냥입니다."

홍정하의 정답에 하국주의 동공에 지진이 일어난다.

하국주는 눈을 가늘게 뜨며 작심한 듯 문제를 더 낸다.

크고 작은 두 개의 정사각형이 있다. 그 넓이의 합은 468평방자이고, 큰 정사각형의 한 변은 작은 정사각형의 한 변보다 6자만큼 길다고 한다.
두 사각형의 각 변의 길이는 얼마인가?

이번에는 문섭이의 얼굴에서 웃음이 사라졌다.

하국주의 얼굴에서는 야비한 웃음이 나타나고…….

하지만 3초도 채 되지 않아서 홍정하가 답했다.

"답은 12."

하국주가 버럭 화를 냈다.

"대국의 사신을 뭘로 보고 답을 찍어서 말하느냐?"

"무슨 그런 망언을 하십니까? 나는 연립방정식을 이용하여 풀었습니다. 단지 문제가 너무 쉬워 암산을 했을 뿐이오."

하국주가 더욱 화를 냈다.

"뭐라, 문제가 너무 쉬워 암산을 해. 말도 안 되는 소리. 그 문제를 풀 수 있는 자는 청나라에서도 몇 없는데. 좋다. 그럼 풀이를 적어보아라."

청나라 사신 하국주의 오해를 풀어주기 위해 왕은 큰 화선지와 먹과 붓을 준비했다.

드디어 홍정하가 붓을 들어서 식을 써 내려갔다.

$$\begin{cases} x^2 + y^2 = 468 \\ x = y + 6 \end{cases}$$

"큰 정사각형 한 변의 길이를 x, 작은 정사각형의 한 변의 길이를 y라고 두고 계산하면 되오. 나머지 자세한 풀이는 저 꼬마도 할 수 있을 것이오."

문섭이가 자신을 가리키며 되물었다.

"나? 나보고 계산하라고요?"

문섭이는 바로 고글의 손을 잡고 시간의 축 속으로 도망쳐 버렸다.

조선 숙종 때 수학자이다. 홍정하는 중국의 사신과 수학에 관한 이야기를 할 수 있을 정도로 실력자였다. 1684년에 태어난 그는 종 6품인 산술교수까지 지낸 전문 수학자였다. 그의 아버지, 할아버지 그리고 친척들은 다 직업 수학자들이었다. 따라서 어릴 적부터 자연스럽게 수학 책과 여러 자료를 접할 수 있었던 홍정하는 자연스럽게 수학에 정통한 학자가 되었다.

조선의 수학자들은 나라의 재정이나 회계업무 등 실용적인 일에 종사했다. 연산군 때에는 수학자가 무려 1,400여 명이 배출되기도 했다. 수학자는 중국에서 들어온 『상명산법』『양휘산법』『산술계몽』 같은 수학책으로 공부했다.

수학자 홍정하의 업적은 뭐니 뭐니 해도 조선의 수학책 『구일집』 편찬에 있다. 『구일집』은 천, 지, 인 3책 9권으로 이루어져 있다. 책이 여러 권이면 1권, 2권, 3권…으로, 두 권일 때는 상하권으로 나누는데 당시에는 두 권이면 천, 지 또는 건, 곤 이렇게 분류하고 세 권이면 천, 지, 인으로 분류했다.

『구일집』의 제1책에는 이자 계산, 농지 측량, 물건 판매, 고루 나누어 갖기 등 간단한 연산, 비례, 분수 통분의 부정방정식과, 도형의 넓이와 부피, 수열 등의 문제를 다루고 있다.

제2책은 연립방정식, 입체도형의 부피, 피타고라스의 정리 이용 문제, 삼각형의 활용 문제, 제3책에는 원과 다각형의 넓이와 입체도형의 부피 구하기 등 천원술을 이용하는 문제를 다루고, 9권 「잡록」에는 간단한 천문 계산, 피리 구멍 사이의 거리 구하기, 전통 음계와 관련된 수학 문제가 답과 풀이가 함께 제시되어 있다.

 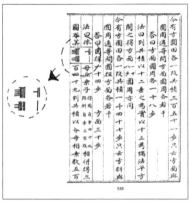

조선시대 수학책 『구일집』

조선의 수학자
최석정

문섭이는 학교에서 돌아오자마자 짜증을 냈다.

"이런 게 수학보다 더 어려운 것 같아."

"문섭아, 뭔데 그래? 이 고글이 한번 볼까?"

4	9	2
3	5	7
8	1	6

고글이 웃으며 말했다.

"이건 그 유명한 마방진이잖아."

"마방진? 그거 사람 이름이니?"

"가로, 세로, 대각선의 합이 15로 일정한 수들의 배치를 말하는, 마방진 몰라?"

"처음 보는데……."

"이런⋯⋯. 문섭이는 나머지 공부가 필요하겠네. 가자, 시간의 Y축으로!"

이번에는 시간의 동쪽으로 떠났다.

때는 조선시대다. 임진왜란을 겪은 후라 마을들이 어수선하다. 아이들은 헐벗고 사람들은 매우 예민해져 있던 시기였다. 아무래도 고글과 문섭이가 날을 잘못 잡은 듯했다.

문섭이와 고글의 행색을 유심히 보고 있던 어떤 자가 어디로 쏜살같이 달려갔다.

"저 인간 왜 저래. 이 문섭 님이 너무 잘생겨서 그런가?"

문섭이는 이해가 되지 않는다는 듯 말했다.

"말도 안 되는 소리 하지 말고 이곳을 피하자. 아무래도 이상해."

"그럴 순 없지. 배가 너무 고파. 저기 주막에서 국밥이라도 한 그

릇 하자. 고글, 나는 인간이라 배가 고프다고."

"으이구!"

문섭이는 국밥을 두 그릇이나 싹 비웠다.

"조선시대 국밥이 이렇게 맛있을 줄이야."

그때였다.

"저놈들을 잡아라. 왜구의 첩자가 틀림이 없다!"

"뭐, 우리가 왜구라고? 왜구는 일본을 말하는 거잖아. 나는 대한민국 사람이라고요!"

"대한민국은 또 뭐야? 저놈들을 관아로 끌고 가자!"

"관아면 오늘날 경찰서 같은 곳인데……. 우리가 뭘 잘못했다고 그러세요?"

"입 닥쳐라!"

문섭이와 고글은 조선시대의 경찰서인 관아로 끌려갔다.

"바른 대로 불어라. 너희들은 왜구의 첩자가 맞지?"

"우리는 왜구가 아니에요. 대한민국 사람이라고요. 조선의 후손, 대한민국이요!"

"이방, 이자가 지금 뭔 소리를 하는 거냐. 대한민국이라는 국은 어떤 국 종류를 말하는 거지?"

이방이 문섭이의 입을 꼬집으며 윽박질렀다.

"대한민국은 어떤 국 종류인가? 바른 대로 소상히 아뢰어라!"

"아야, 아야! 국은 무슨 국이요. 나라 이름이라고요."

사또는 머리를 흔들었다.

"내가 여러 나라를 돌아다녀 봤지만 대한민

국이라는 나라는 들어본 적이 없다."

"당연하지요. 이 시대의 관점에서 보면 아직 생기지도 않은 나라니까요."

"안 되겠다. 이자가 왜구인지 아닌지는 최석정 선생에게 여쭈어보자. 최석정 선생을 모셔오너라, 이방."

"예이."

잠시 후, 최석정이 모습을 드러냈다.

고글은 한눈에 최석정을 알아보았다.

"저분이 바로 세계 최초로 마방진을 만든 수학자, 최석정이구나."

그때 최석정이 문섭이를 가리키며 말했다.

"너, 내가 내는 문제를 풀어내면 너의 결백을 밝혀주마."

최석정의 말에 문섭이는 겁먹은 얼굴이 되었다.

"헉, 문제를 풀어야 한다고요? 이게 어쩐 일이야. 조선시대까지 와서 문제를 풀어야 하다니."

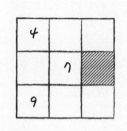

최석정은 이 말에도 아랑곳하지 않고 무표정한 얼굴로 문제를 냈다.

"마방진이 될 수 있도록 빗금 친 곳의 수를 알아내면 너희들을 풀어주겠다."

"이런, 이 문제가 바로 마방진 문제구나. 문섭이가 해낼 수 있을까?"

고글의 말에 문섭이가 걱정스러운 표정으로 말했다.

"아까 고글이 가로, 세로 합이 어쩌구 했잖아."

"그래, 맞아. 가로와 세로의 합이 같아야 마방진이 된다고."

"시끄럽구나. 한 녀석만 답을 말하거라."

최석정이 문섭이를 가리킨다. 문섭이의 대답에 따라 풀려날 것인지 감옥에 갇힐 것인지 결정이 나는 상황이 되었다.

"이렇게 된 이상 지금까지 수학여행을 하면서 익혀온 수학 실력을 발휘해보자. 죽기 아니면 까무러치기다."

문섭이는 마방진을 뚫어져라 들여다보았다.

"아, 알 것 같아. 일단은 식을 세워 보자. 가로의 합과 세로의 합이 같다는 성질을 이용해서 말이야."

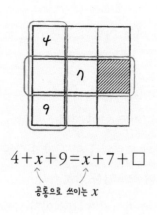

$$4+x+9=x+7+\square$$

공통으로 쓰이는 x

"오오, 우리 문섭이 잘한다. 조금만 더 힘내!"

$$4+x+9=x+7+\square$$

양쪽에 같은 것은 사라져 줘!

$$4+9=7+\square$$

"따라서 빈칸에 들어갈 수는 6이다!"

"어디서 반말이냐. 하지만 정답이니 약속한 대로 너희들을 풀어
주겠다."

후유, 조선시대에 와서 조상이 될 뻔한 문섭이와 고글은 그렇게
살아 돌아왔다. 그야말로 목숨을 건 마방진 수업이었다.

조선시대는 기술보다는 학문을 숭상하는 시대다. 과학과 기술은 상대적으로 대접받지 못했고 그만큼 과학기술의 발전은 상대적으로 더뎠던 것이 사실이다. 장영실이나 홍대용과 같은 몇몇 인물을 제외하고는 널리 알려진 과학기술자를 찾기도 쉽지 않다. 하지만 조선에도 최석정이라는 위대한 수학자가 있었다.

최석정은 조선 후기의 문신으로, 영의정을 지냈던 완성부원군 최명길崔鳴吉의 손자이다. 이러한 명문가 집안에서 1646년 태어난 최석정은 어렸을 때부터 총명했으며, 17세에 초시 장원을 하고 1671년에 급제하면서 관직 생활을 시작했다. 우의정, 좌의정 등 여러 요직을 두루 거쳤다. 특히 1701년 오늘날 국무총리에 해당하는 영의정을 처음 지냈는데 그 후로도 무려 일곱 번이나 영의정을 지냈으니 엄청난 분이라 할 수 있다. 편저에 『전록통고』가 있고, 저서로는 『예기유편』과 『명곡집』 36권이 있다.

최석정의 대단함은 이렇게 전문적인 정치가이자 관료의 삶을 살면서 수학 분야에서 큰 업적을 남겼다는 것이다. 이는 수학이나 과학기술보다는 유학이나 주자학을 중시하던 당시 사회 풍조에서 더욱 돋보이는 일이다.

최석정은 1710년 영의정을 그만둔 이후 1710년에서 1715년까지 『구수략』을 지은 것으로 추측되는데, 여기에는 기존에 전해진 수학 지식을 체계적으로 정리한 내용과 전혀 새로운 독창적 내용이 함께 수록되어 있다. 특히 『구수략』의 마지막 권에는 마방진, 그레코 라틴 방진(또는 오일러 방진), 그리고 지수귀문도 등 사각형이나 육각형 모양의 수의 구성도가 많이 수록되어 있는데, 최석정의 탁월한 수학적 직관력과 수학 이론의 독창성이 잘 드러나 있다. 최석정은 국립과천과학관의 과학기술인 명예의 전당에 헌정되었다.

"아이고, 어지러워. 이게 다 문섭이 때문이야!"

"하지만 나는 원주율 계산이 어려운걸."

문섭이와 고글은 시간 축을 여행하기 위해 좌표평면에 들어서다가 원주율은 원주 나누기 지름이라는 것을 문섭이가 그만, 원주율 나누기 지름이라고 말하는 바람에 좌표평면의 원점을 기준으로 문섭이 일행은 두 시간째 뱅글뱅글 돌고 있었다. 도무지 멈출 방법이 없었다.

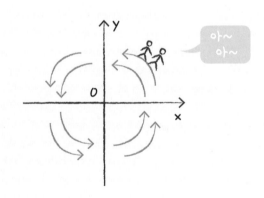

"고글, 어떻게 좀 해 봐. 토가 나올 것 같아."

"나도 그래. 그렇다면 이번에는 어쩔 수 없이 중국 남북조 시대로 가야겠어!"

남북조 시대에 떨어진 문섭이와 고글.

"이번에는 누구를 만나야 해?"

"우리가 찾아야 할 중국의 수학자는 조충지야. 그분을 찾아서 우리의 시간 축 좌표평면을 고쳐야 해."

그때 수레바퀴를 유심히 쳐다보고 있는 빼빼한 노인이 둘의 눈에 들어온다. 그 옆에 같이 쪼그려 앉은 고글과 문섭이. 노인과 같이 바퀴를 뚫어져라 쳐다본다.

그 후로 시간이 얼마나 흘렀을까? 노인은 아직도 바퀴만 하염없이 쳐다보고 있다.

문섭이가 답답했는지 한마디 한다.

"우리 언제까지 수레바퀴만 쳐다보고 있어야 해?"

"하하하, 미안. 바로 이 노인이 수학자 조충지거든."

본인의 이름이 거론되자 조충지가 고글과 문섭이를 돌아본다.

"너희들, 나를 아느냐? 그럼 다음 문제를 풀어 보거라."

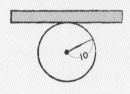

다음 그림과 같은 수레바퀴가 한 바퀴 굴러가면 얼마나 갈 수 있을까?

문섭이가 바로 이 문제의 해결 공식인 원주와 원주율의 관계를 잘못 말해서 시간축이 고장 난 것이었다.

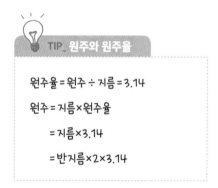

TIP_ 원주와 원주율

원주율 = 원주 ÷ 지름 = 3.14

원주 = 지름 × 원주율

= 지름 × 3.14

= 반지름 × 2 × 3.14

문섭이가 또다시 '원주는 원주율 나누기 지름'이라고 말하려고 하자 고글이 황급히 문섭이의 입을 막았다.

"문섭아, 제발 참아. 이 문제는 내가 해결할게."

잠시 고민하던 고글이 수레바퀴의 반지름이 10인 것을 보고 대답했다.

"반지름이 10이니까 지름을 구하기 위해 반지름에 2를 곱해야 합니다."

조충지가 고글의 말에 흐뭇해했다.

"옳거니. 네가 수학을 좀 하는구나."

"10 곱하기 2는 20으로 거기다가 원주율이 3.14를 곱하면 62.8로 수레바퀴 한 바퀴가 간 거리는 62.8입니다."

"그래, 그래. 너 수학 잘하는구나. 나랑 같이 갈 곳이 있다."

조충지는 고글과 문섭이의 손을 잡고 어디론가 데려갔다. 도착하고 보니 웬 대나무 밭이었다.

조충지가 말했다.

"요즘 내가 눈이 침침해서 잘 안 보이니 너희들이 나의 계산을 좀 도와주었으면 한다."

대나무 네 개씩 하나의 끈으로 묶으려고 한다. 다음 그림은 위에서 내려다본 모습이다. 이때 끈의 길이를 구하여라. 단, 원의 둘레의 길이는 30cm이고, 원의 반지름은 5cm이다.

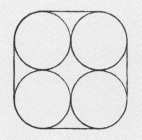

"단순한 계산이니 거기, 어리버리하게 생긴 네가 해보렴."

문섭이가 손가락으로 자신을 가리키자, 조충지가 웃으며 말했다.

"그래, 여기서 어리버리하게 생긴 건 너뿐이잖아."

문섭이가 잠깐 억울한 표정을 지었지만 그래도 문제를 푼다.

"원 하나 둘레 30센티미터에 40센티미터를 더하면 돼요."

"그 녀석, 설명도 어리버리하게 하네. 자세히 좀 이야기해보렴."

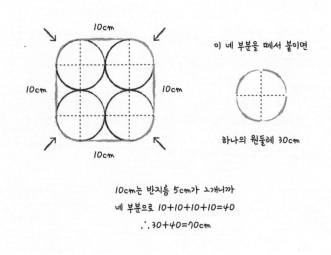

조충지가 만족스러운 듯 고개를 끄덕인다.

"대단한 녀석들이구나. 너희들은 자라서 나보다 더 훌륭한 수학자가 될 수 있겠구나."

"뭐요? 수학자요? 싫어요. 고글, 빨리 이곳을 떠나자!"

고글을 조충지에게 무엇인가 묻고 있었다. 아마도 조충지로부터 시간의 축을 고칠 수 있는 원에 대해 묻는 것 같았다. 잠시 후, 시간 축이 제대로 작동하기 시작했다.

조충지는 중국 남북조시대 송나라의 저명한 과학자이자 역학자, 수학자이다. 세계 최초로 원주율의 값을 소수점 아래 7자리까지 정확히 계산한 인물로 알려져 있다. 조충지의 조상은 대대로 추현에 살아왔으나 조충지의 할아버지인 조창祖틝은 전란을 피해 강남으로 이주, 송나라의 대장경大匠卿이 되어 각종 토목 건축 사업을 맡아 진행했다. 조충지의 아버지 역시 송나라를 섬긴 지식인으로 알려졌다.

조충지는 429년 건강(오늘의 난징)에서 태어났다. 그의 가문은 대대로 나라의 역법을 관장하는 천문학자 집안이었다. 그 덕분에 그는 수학 외에도 다양한 기술을 익힐 수 있었는데 아버지로부터 수학과 천문학, 역법과 관련한 과학을 자연스럽게 배웠다. 조충지는 늘 태양과 별의 운행을 관찰해 기록하는 습관이 있었고, 나라의 발전과 국민의 안녕을 위해 천문과 역법을 연구하는 일이 자신의 천직이라고 믿었다. 학문에 대한 그의 재능은 송나라 효무제에게도 알려져 조충지는 효무제에 의해 연구기관인 화림학성華林學省에 보내졌다. 461년에는 남서(오늘의 전장)의 자사부의 종사가 되었다. 저서로는 종래의 역법을 여러 가지로 개량한 『대명력』 수학자로서 『구장산술』에 주註를 붙인 것과, 『철술』 10편이 있다.

　조충지의 뛰어난 수학적 업적 중 하나는 세계 최초로 원주율의 값을 소수점 아래 7자리까지 정확히 계산했다는 것이다. 원의 크기와 상관없이 모든 원에서 원주와 지름은 약 3.14의 일정한 비율값을 갖는다. 480년경, 조충지는 원주율이 3.1415926과 3.1415927 사이에 있어야 한다는 것을 알았으며 이 원주율로 관련된 계산을 하면 반지름이 10킬로미터일 때 오차가 5밀리미터 정도에 지나지 않을 만큼 매우 정밀한 근삿값이 나온다는 사실을 밝혀냈다.

중국의 수학자
이선란

"윽, 이 문제집은 풀이가 없어. 답만 달랑 있으면 나보고 어떻게
이해하라고?"

"무슨 문제인데? 어디 보자."

다음 중에서 □ABCD가 평행사변형인 것을 모두 찾아라.

① $\overline{AB}=\overline{DC}$, $\overline{AD}=\overline{BC}$ ② $\angle A=\angle B$, $\angle C=\angle D$

③ $\overline{AB}//\overline{DC}$, $\overline{AB}=\overline{DC}$ ④ $\overline{AC}=\overline{BD}$, $\overline{AB}=\overline{BC}$

갑자기 고글이 말이 없다.

"왜, 고글 빨리 풀어봐. 나는 처음에 영어 문제인가 했어. 온통
영어뿐이잖아."

"……."

"빨리 풀어줘."

"가자, 문제 풀러. 시간의 축을 타고서!"

286

이번에는 중국의 청나라 시대에 도착했다.

"고글, 이번에는 누굴 만나러 온 거야?"

"마침 저기 계시네. 수학자 이선란."

고글은 다짜고짜 이선란에게 문섭이가 가르쳐 달라고 한 문제를 내밀었다.

"이 문제 좀 풀어주세요."

이선란은 살짝 놀란 얼굴로 고글을 한번 쳐다보았지만 이내 문제에 집중했다.

"오, 재미난 문제구나. 얘들아, 일단 평행사변형이 되는 조건에 대해 알아보자."

평행사변형이 되는 조건

사각형은 다음 조건 중에서 어느 하나를 만족시키면 평행사변형이 된다.

1. 두 쌍의 대변이 각각 평행할 때
2. 두 쌍의 대각의 크기가 각각 같을 때
3. 두 쌍의 대변의 길이가 각각 같을 때
4. 두 대각선이 서로 다른 것을 이등분할 때
5. 한 쌍의 대변이 평행하고, 그 길이가 같을 때

"이제 모두들 앞에 놓여 있는 붓을 들고 나랑 같이 그림을 그리며 해봅시다. ①부터."

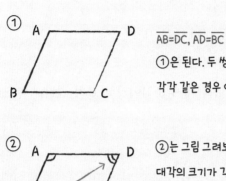

① $\overline{AB}=\overline{DC}$, $\overline{AD}=\overline{BC}$

①은 된다. 두 쌍의 대변의 길이가
각각 같은 경우 이므로.

② ②는 그림 그려보니 알겠지?
대각의 크기가 각각 같지 않기 때문에
평행사변형이 아니다.

문섭이가 물었다.

"대각이 뭐지요?"

그러자 이선란이 대각을 나타내는 그림을 그렸다. 붓으로!

대각

"알겠지. 이제 ③을 알아보자."

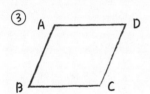

③ $\overline{AB}//\overline{DC}$, $\overline{AB}=\overline{DC}$

한 쌍의 대변이 평행하고, 그 길이가 같은 경우로 이건 맞다.

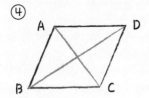

④ $\overline{AC}=\overline{BD}$, $\overline{AB}=\overline{BC}$

이건 평행사변형이 되는 조건에 없지.

참고사항

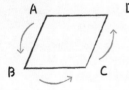

도형에서 점은 시계 방향으로 찍어서 순서대로 표시한다.

"우아, 대단하다. 이선란은 무엇을 했던 수학자야?"

고글이 웃으며 설명했다.

"저분은 많은 수학자들의 저서를 좀 더 쉽게 번역하여 사람들에게 알린 중국의 수학자였어."

"아, 그래서 붓으로 수학을 설명했던 거구나. 하하하!"

중국 저장성浙江 하이닝海寧 사람으로 본 명은 이심란李心蘭이다. 청나라 말기의 관리 이자 수학자, 천문학자, 식물학자이다. 어려 서부터 수학에 뜻을 두어, 1845년 자싱嘉興 에 머물면서 많은 수학자들과 교유했다. 1852년 상하이로 나와 A. 와일리, J. 에드 킨스 등과 알게 되어 많은 영미의 과학서를 번역해 중국 사회에 널리 알렸다.

그 밖에 『천산혹문』, 『방원천유』, 『호시계비』 등의 저서가 있지만, 친 구들의 저작을 편집한 『칙고석재산학』(13종 24권)이 가장 유명하다. 1868년부터 죽을 때까지 베이징의 동문관同文館 산학총교습算學總敎習으 로 있으면서 후진 양성에 매진했다.

이선란의 대표적인 업적으로는 대수학·미적분학·조합론·항등식 방 면의 이선란항등식 등을 남겼다는 것이다. 또한 1852년부터 1866년에 걸쳐 와일리와 함께 유클리드의 『원론』의 후반부 9권을 번역했고, 명 나라 마테오 리치, 서광계 등의 업적을 이어 완성시켰다. 또한 『담천』, 『대수학』, 『원추곡선설』, 『중학』, 『식물학』 등의 책을 번역하였다. 이는 당시 중국 지식인층에 매우 큰 영향을 끼쳤다.

다카기 데이지

문섭이와 고글은 일본 온천 여행을 왔다. 문섭이는 옷을 홀딱 벗은 채 온천욕을 즐기고 있는 반면 물에 젖으면 곤란한 고글은 비닐로 온몸을 꽁꽁 감싸고 있다.

따뜻한 물을 끼얹고 있는 문섭이를 보며 고글이 입을 연다.

"문섭아, 너 그 사람 아니? 현대 일본 수학을 최상급으로 끌어올린 수학자 말이야."

"너 일본 온천 여행을 온 게 단순히 온천을 하고 싶어서가 아니었구나!"

"당연하지."

"젠장, 나 집에 갈래!"

"발가벗고 어딜 간다고 그래. 나랑 같이 가자!"

때는 1898년. 독일의 한 학교 안에 아름다운 전경이 펼쳐져 있다. 많은 독일 학생들이 잔디밭에 눕거나 앉아 평화롭게 이야기를 나누고 있다. 그런데 구석 벤치에서 정신없이 수학책을 읽고 있는 자그마한 몸집의 학생이 눈에 띄었다.

문섭이가 못마땅한 표정으로 말한다.

"아름다운 경치를 두고 무슨 공부를 한다고. 참 유별난 사람도 다 있네."

그러자 고글이 고개를 저었다.

"저분이 바로 수론과 대수론을 공부한 수학자, 다카기 데이지야."

"수론과 대수론? 그게 뭔데?"

"아름다운 수학이지."

"말도 안 돼. 수학이 아름답다고?"

"무엇이 아름다운지 다카기 데이지에게 직접 물어보자."

고글과 문섭이는 벤치에 앉아 있는 다카기 데이지에게 다가갔다.

문섭이가 다카기 데이지가 보고 있는 책을 슬쩍 곁눈질하며 물었다.

"저렇게 아름다운 경치를 두고 책만 보고 계시는 이유가 뭐예요?"

책에 얼굴을 파묻고 있던 다카기 데이지가 그 말에 고개를 들어 문섭이를 바라보았다.

"음, 나 또한 아름다운 것을 감상하는 중이라네."

"뭐가 아름답다는 거예요?"

"수들이 펼쳐지며 이루어내는 아름다움을 보고 있지."

문섭이가 못 믿겠다는 듯이 퉁명스럽게 중얼거렸다.

"에이, 말도 안 돼. 수들이 뭐가 아름다워."

"좋아, 의심 많은 친구를 위해 나랑 같이 이 책 속 내용을 볼까?"

다카기 데이지는 책에 1이라는 수를 써서 곱셈식을 보여준다.

$$
\begin{array}{r}
1\,1 \\
\times\ 1\,1 \\
\hline
1\,1 \\
1\,1 \\
\hline
1\,2\,1
\end{array}
\qquad
\begin{array}{r}
1\,1\,1 \\
\times\ 1\,1\,1 \\
\hline
1\,1\,1 \\
1\,1\,1 \\
1\,1\,1 \\
\hline
1\,2\,3\,2\,1
\end{array}
\qquad
\begin{array}{r}
1\,1\,1\,1 \\
\times\ 1\,1\,1\,1 \\
\hline
1\,1\,1\,1 \\
1\,1\,1\,1 \\
1\,1\,1\,1 \\
1\,1\,1\,1
\end{array}
$$

"얼굴이 어렵게 생긴 친구, 문섭이라고 했나. 세 번째 곱셈의 답을 계산하지 말고 아름다운 직관으로 맞혀 봐."

"……."

"역시 얼굴이 어렵게 생겨서 그런지 어렵게만 생각하는군. 규칙성을 잘 보라고. 답의 규칙성을."

잠시 고민하던 문섭이는 외쳤다.

"답은 1234321이에요!"

"음, 잘했어. 어때, 수학이 좀 아름다워 보이니?"

다카기 데이지는 말이 없는 문섭이를 위해 또 다른 문제를 냈다.

"문섭 군, 1에서 9까지 8을 제외한 숫자를 나열한 후 9를 곱하면 다음과 같아."

$$12345679 \times 9 = 111111111$$

"그다음 하나 더 보자."

$$12345679 \times 18 = 222222222$$

"뭔가 살짝 감이 오니?"

$$12345679 \times 27 = ?$$

"얼마가 될 것 같은가?"

문섭이는 신이 나서 외쳤다.
"333333333이요."
"그리고 다음 수의 곱셈을 보도록 하자."

$$12345679 \times 27 = 333333333$$
$$12345679 \times 36 = 444444444$$
$$12345679 \times 45 = 555555555$$
$$12345679 \times 54 = 666666666$$
$$12345679 \times 63 = 777777777$$

$$12345679 \times 72 = 888888888$$

$$12345679 \times 81 = 999999999$$

다카기 데이지는 흐뭇한 미소를 지으며 말했다.

"이런 수들의 모습이 아름답지 않니?"

문섭이는 그제야 이해가 되는 듯한 표정으로 고개를 끄덕였다.

"네, 정말 아름다워요."

현실로 돌아온 문섭이는 다짐했다. 자신도 열심히 공부해서 반드시 대한민국의 수학을 발전시키겠다고. 다카기 데이지가 그랬던 것처럼…….

"고글, 나도 이제부터 수학을 공부하겠어. 나는 열심히 해서 우리나라의 최초의 노벨 수학자가 되고 싶어."

"문섭이, 너 각오가 대단하구나!"

"그런 의미에서 오늘까지만 게임을 좀 하려고 해."

"뭐야? 이 녀석이…….'"

1875년 4월 21일 일본 기후현에서 태어났다. 중·고등학교 시절 영재로 이름 날리던 그는 당시 일본에 하나밖에 없었던 대학인 도쿄 제국대학에 입학했다. 그리고 독일인 수학자이자 '현대 수학의 아버지'로 불리는 다비트 힐베르트[1]의 도움으로 독일 괴팅겐 대학교에서 공부했다.

당시 다카기가 공부했던 책 중에는 그즈음 출간된 힐베르트의 『정수론 보고』가 있었으며, 그가 연구 주제로 삼은 것은 크로네커의 「청춘의 꿈 추측」이었다. 그곳에서 대수적 수론을 연구하고 많은 양의 수학책과 기하학책을 썼다. 그즈음 그는 고국의 수학 교육이 독일에 비해 많이 뒤처져 있다는 사실을 깨닫게 된다.

그는 유학을 마친 후 숱한 연구소들의 구애를 뿌리치고 수학 후진국이었던 일본으로 돌아가 제국대학의 부교수로 부임하게 된다. 그러나 1903년 정교수로 승진하고도 아무런 연구 결과를 발표하지 못했는데, 이는 일본 사회에서 그가 학문적으로 어떠한 자극도 받지 못했기 때문

---

1 다비트 힐베르트(1898~1962): 독일의 수학자. 현대 수학의 여러 분야를 창시하여 크게 발전시켰다. 특히 대수적 정수론의 연구, 기하학의 기초 확립 등을 들 수 있다.

이었다. 하지만 제1차 세계대전을 치르는 동안 유럽과 일본의 과학 교류가 어려워진 시점에 다카기는 수학의 한 축을 이루는 유체 이론을 창안했으며 활발한 저술 활동과 교육으로 현대 수학을 일본에 널리 전파했다. 또한 전쟁 이후 그는 슈트라스부르크에서 열린 제1차 국제수학자총회에 참석해 「대수적 정수론의 일반 정리에 관하여」라는 제목으로 연구 결과를 보고한 그의 연구는 당시 젊은 에밀 아르틴[2]의 주목을 받아 더욱 깊게 발전했다.

이 무렵 다카기는 이미 학계에서 유명 인사가 되었다. 제국 아카데미의 회원이 되었고 오슬로 대학에서 명예박사학위까지 받았다. 제2차 세계대전 때는 일본 제국에 협력하여 암호 체계를 개발하기도 하였다.

그는 1960년 뇌졸중으로 세상을 떠나기 전까지 대수·해석학·정수론 및 19세기의 수학사 등에 대한 교과서를 많이 집필했다. 이 책들은 오늘날 일본의 수학 교육에 큰 영향을 미쳤다.

---

2 에밀 아르틴(1898~1962): 오스트리아 태생의 수학자. 다카기 데이지의 「임의의 대수체에 대한 상호교환법칙에 관하여」라는 연구결과를 일반적 상호교환법칙으로 발전시켜 더욱 정교하게 만들었다.

BC 600년경

탈레스 (그리스)
그리스 기하학의 시조

BC 570년경

피타고라스 (그리스)
피타고라스의 정리 증명

BC 300년경

유클리드 (그리스)
기하학 창시
「원론」 저술

BC 287~212년

아르키메데스 (그리스)
부력의 원리 발견
포물선으로 둘러싸인 도형의
넓이, 원주율 등을 계산

246~330년

디오판토스 (그리스)
기호를 사용하여 방정식의
해를 구하기 시작
「산수론」 저술

429~500년

조충지 (중국)
원주율의 근사치 제시
「대명력」, 「구장산술」 저술

780~850년

알콰리즈미 (아라비아)
1, 2차 방정식의 풀이법 발견

1170?~1250?년

피보나치 (이탈리아)
피보나치 수열 도입

1499~1557년
타르탈리아 (이탈리아)
3차 방정식 해법 발견

1501~1576년
카르다노 (이탈리아)
허수 발견
『위대한 술법』 저술

1522~1565년
페라리 (이탈리아)
4차 방정식 해법 발견

1550~1617년
네이피어 (영국)
로그 발견
숫자에 소수점을 최초로 사용

1596~1650년
데카르트 (프랑스)
해석 기하학 창시
『방법서설』 저술

1601~1665년
페르마 (프랑스)
확률의 수학적 이론 창시

1623~1662년
파스칼 (프랑스)
파스칼의 원리 발견
최초의 계산기 발명

1642~1727년
뉴턴 (영국)
미적분학 발견
만유인력의 발견 법칙 발견
근대 역학 및 근대 천문학
확립에 기여

1646~1715년
최석정 (대한민국)
오일러보다 67년 앞선
마방진 연구
『구수략』 저술

1646~1716년
라이프니츠 (독일)
미분 기호와 적분 기호 창안
수리 논리학의 기초 확립

1684~1727년
홍정하 (대한민국)
방정식의 구성과 해법 연구
『구일집』 저술
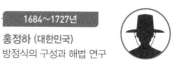

1707~1783년
오일러 (스위스)
변분학 창시
삼각함수의 생략기호 창안

1728~1777년
람베르트 (독일)
원주율 파이가 무리수임을
증명

1777~1855년
가우스 (독일)
대수학 기본정리의
일반적인 증명
최소제곱법을 만들어
현대 통계학의 기초 확립

1789~1857년
코시 (프랑스)
현대 해석학의 기초 확립

1806~1871년
드 모르간 (영국)
드 모르간의 법칙 창안

1810~1882년
이선란 (중국)
이선란 항등식 창안
『칙고석재산학』 저술

1823~1891년
크로네커 (독일)
방정식론 및 정수론 연구

1826~1866년

리만 (독일)
리만 기하학 창시

1831~1916년

데데킨트 (독일)
이데알(Ideal) 이론 창시
해석학의 기초 수립에 공헌
『연속성과 무리수』 저술

1834~1923년

벤 (영국)
벤 다이어그램 창안
기호 논리학 및 확률 이론
발전에 기여

1834~1921년

슈바르츠 (독일)
슈바르츠의 부등식 발견

1845~1918년

칸토어 (독일)
집합론 창시

1862~1943년

힐베르트 (독일)
기하학의 공리적 기초 확립
적분 방정식론에 공헌
『기하학 기초론』 저술

1872~1970년

러셀 (영국)
수리 철학 및 논리
기호학에 공헌

1875~1960년

다카기 데이지 (일본)
일본 현대 수학 발전에 공헌

1953년~

와일즈 (영국)
페르마의 마지막 정리 증명

사진 출처

024쪽 탈레스 https://commons.wikimedia.org/wiki/File:Thales_1825_at_Alex._Onasis_Foundation.jpg
039쪽 피타고라스 https://commons.wikimedia.org/w/index.php?search=Pythagoras&title=Special%3ASearch&go=Go&ns0=1&ns6=1&ns12=1&ns14=1&ns100=1&ns106=1#/media/File:Pythagoras_with_tablet_of_ratios.jpg
052쪽 유클리드 https://commons.wikimedia.org/wiki/File:Euklid.jpg
068쪽 아르키메데스 https://commons.wikimedia.org/wiki/File:Archimedes_by_Giuseppe_Nogari.png
076쪽 디오판토스 https://mg.wikipedia.org/wiki/Diophante_d%27Alexandrie
090쪽 히파티아 https://commons.wikimedia.org/wiki/File:Hypatia_portrait.png
105쪽 오마르 하이얌 https://commons.wikimedia.org/wiki/File:Omar_Khayyam2.JPG
117쪽 피보나치 https://commons.wikimedia.org/wiki/File:Leonardo_Fibonacci.png
130쪽 타르탈리아 https://commons.wikimedia.org/w/index.php?search=Niccolo+Tartaglia&title=Special%3ASearch&go=Go&ns0=1&ns6=1&ns12=1&ns14=1&ns100=1&ns106=1#/media/File:Niccol%C3%B2_Tartaglia.jpg
132쪽 지롤라모 카르다노 https://mg.wikipedia.org/wiki/Sary:Girolamo_Cardano,_Stipple_engraving_by_R._Cooper._Wellcome_V0001004.jpg
144쪽 존 네이피어 https://commons.wikimedia.org/wiki/File:6_John_Napier.jpg
156쪽 르네 데카르트 https://en.wikipedia.org/wiki/File:Frans_Hals_-_Portret_van_Ren%C3%A9_Descartes.jpg
157쪽 『방법서설』표지 https://commons.wikimedia.org/w/index.php?search=Discourse+on+Method&title=Special%3ASearch&go=Go&ns0=1&ns6=1&ns12=1&ns14=1&ns100=1&ns106=1#/media/File:Descartes_Discourse_on_Method.png
168쪽 피에르 페르마 https://he.m.wikipedia.org/wiki/%D7%A7%D7%95%D7%91%D7%A5:Pierre_de_Fermat.jpg
176쪽 파리 국립기술공예박물관
181쪽 블레즈 파스칼 https://commons.wikimedia.org/w/index.php?search=Blaise+Pascal&title=Special%3ASearch&go=Go&ns0=1&ns6=1&ns12=1&ns14=1&ns100=1&ns106=1#/media/File:Blaise_pascal.jpg
192쪽 아이작 뉴턴 https://en.wikipedia.org/wiki/File:Portrait_of_Sir_Isaac_Newton_(4670220).jpg
193쪽 미국 의회도서관
195쪽 미국 의회도서관
207쪽 레온하르트 오일러 https://commons.wikimedia.org/wiki/File:Leonhard_Euler.jpeg
216쪽 『정수론 연구』표지 https://commons.wikimedia.org/w/index.php?search=ARITHMETICAE+GAUSS&title=Special%3ASearch&go=Go&ns0=1&ns6=1&ns12=1&ns14=1&ns100=1&ns106=1#/media/File:Disqvisitiones-800.jpg
215쪽 카를 프리드리히 가우스 https://commons.wikimedia.org/wiki/File:Carl_Friedrich_Gauss_1840_by_Jensen.jpg
224쪽 어거스틴 루이 코시 https://commons.wikimedia.org/wiki/File:Cauchy_Augustin_Louis_dibner_coll_SIL14-C2-03a.jpg
233쪽 오거스터스 드 모르간 https://en.m.wikipedia.org/wiki/File:De_Morgan_Augustus.jpg
243쪽 게오르그 칸토어 https://ia.wikipedia.org/wiki/File:Georg_Cantor_(Portr%C3%A4t).jpg
254쪽 앤드루 와일즈 https://commons.wikimedia.org/wiki/File:Wiles_vor_Sockel.JPG
284쪽 조충지 https://commons.wikimedia.org/wiki/File:%E7%A5%96%E5%86%B2%E4%B9%8B%E9%93%9C%E5%83%8F.jpg
290쪽 이선란 https://ko.m.wikipedia.org/wiki/%ED%8C%8C%EC%9D%BC:Li_Shanlan.jpg
296쪽 다카기 데이지 https://ko.m.wikipedia.org/wiki/%ED%8C%8C%EC%9D%BC:Teiji_Takagi_photographed_by_Shigeru_Tamura.jpg
300쪽 라이프니츠 https://commons.wikimedia.org/wiki/File:Gottfried_Wilhelm_Leibniz.jpg
300쪽 크로네커 https://ko.m.wikipedia.org/wiki/%ED%8C%8C%EC%9D%BC:Leopold_Kronecker_1865.jpg
300쪽 람베르트 https://commons.wikimedia.org/wiki/File:Johann_Heinrich_Lambert_1829_Engelmann.png
301쪽 리만 https://commons.wikimedia.org/wiki/File:Georg_Friedrich_Bernhard_Riemann.jpeg
301쪽 벤 https://commons.wikimedia.org/wiki/File:John_Venn_2.jpg
301쪽 러셀 https://commons.wikimedia.org/wiki/File:Bertrand_Russell_photo.jpg
301쪽 데데킨트 https://commons.wikimedia.org/wiki/File:Richard_Dedekind_1900s.jpg
301쪽 힐베르트 https://commons.wikimedia.org/wiki/File:David_Hilbert,_1907.jpg

파워풀한 수학자들

ⓒ 김승태 김영인, 2020

초판 1쇄 인쇄일 | 2020년 2월 5일
초판 1쇄 발행일 | 2020년 2월 20일

지은이 | 김승태 김영인
펴낸이 | 사태희
편 집 | 유관의
디자인 | 권수정
마케팅 | 장민영
제작인 | 이승욱 이대성

펴낸곳 | (주)특별한서재
출판등록 | 제2018-000085호
주 소 | 04037 서울시 마포구 양화로 59, 703호 (서교동, 화승리버스텔)
전 화 | 02-3273-7878
팩 스 | 0505-832-0042
e-mail | specialbooks@naver.com
ISBN | 979-11-88912-66-7 (43410)

이 도서의 국립중앙도서관 출판예정도서목록(CIP)은 서지정보유통지원시스템
홈페이지(http://seoji.nl.go.kr)와 국가자료종합목록시스템(http://www.nl.go.kr/kolisnet)에서
이용하실 수 있습니다. (CIP제어번호 : CIP2020002691)